博物館裏的中國

大美中國藝術

宋新潮　潘守永　主編

盧永琇　編著

推薦序

　　一直以來不少人說歷史很悶，在中學裏，無論是西史或中史，修讀的人逐年下降，大家都著急，但找不到方法。不認識歷史，我們無法知道過往發生了什麼事情，無法鑒古知今，不能從歷史中學習，只會重蹈覆轍，個人、社會以至國家都會付出沉重代價。

　　歷史沉悶嗎？歷史本身一點不沉悶，但作為一個科目，光看教科書，碰上一知半解，或學富五車但拙於表達的老師，加上要應付考試，歷史的確可以令人望而生畏。

　　要生活於二十一世紀的年青人認識上千年，以至數千年前的中國，時間空間距離太遠，光靠文字描述，顯然是困難的。近年來，學生往外地考察的越來越多，長城、兵馬俑坑絕不陌生，部分同學更去過不止一次，個別更遠赴敦煌或新疆考察。歷史考察無疑是讓同學認識歷史的好方法。身處歷史現場，與古人的距離一下子拉近了。然而，大家參觀故宮、國家博物館，乃至敦煌的莫高窟時，對展出的文物有認識嗎？大家知道什麼是唐三彩？什麼是官、哥、汝、定瓷嗎？大家知道誰是顧愷之、閻立本，荊關董巨四大畫家嗎？大家認識佛教藝術的起源，如何傳到中國來的嗎？假如大家對此一無所知，也就是說對中國文化藝術一無所知的話，其實往北京、洛陽、西安以至敦煌考察，也只是淪於"到此一遊"而已。依我看，不光是學生，相信本港大部分中史老師也都缺乏對文物的認識，這是香港的中國歷史文化學習的一個缺環。

　　早在十多年前還在博物館工作時，我便考慮過舉辦為中小學老師而設的中國文物培訓班，但因各種原因終未能成事，引以為憾。七八年前，中國國家博物館出版了《文物中的中國歷史》一書，有助於師生們透過文物認識歷史。是次，由宋新潮及潘守永等文物專家編寫的"博物館裏的中國"，內容更闊，讓大家可安坐家中"參觀"博物館，通過文物，認識中國古代燦爛輝煌的文明。謹此向大家誠意推薦。

丁新豹

序

在這裏，讀懂中國

博物館是人類知識的殿堂，它珍藏著人類的珍貴記憶。它不以營利為目的，面向大眾，為傳播科學、藝術、歷史文化服務，是現代社會的終身教育機構。

中國博物館事業雖然起步較晚，但發展百年有餘，博物館不論是從數量上還是類別上，都有了非常大的變化。截至目前，全國已經有超過四千家各類博物館。一個豐富的社會教育資源出現在家長和孩子們的生活裏，也有越來越多的人願意到博物館遊覽、參觀、學習。

"博物館裏的中國"是由博物館的專業人員寫給小朋友們的一套書，它立足科學性、知識性，介紹了博物館的豐富藏品，同時注重語言文字的有趣與生動，文圖兼美，呈現出一個多樣而又立體化的"中國"。

這套書的宗旨就是記憶、傳承、激發與創新，讓家長和孩子通過閱讀，愛上博物館，走進博物館。

記憶和傳承

　　博物館珍藏著人類的珍貴記憶。人類的文明在這裏保存，人類的文化從這裏發揚。一個國家的博物館，是整個國家的財富。目前中國的博物館包括歷史博物館、藝術博物館、科技博物館、自然博物館、名人故居博物館、歷史紀念館、考古遺址博物館以及工業博物館等等，種類繁多；數以億計的藏品囊括了歷史文物、民俗器物、藝術創作、化石、動植物標本以及科學技術發展成果等諸多方面的代表性實物，幾乎涉及所有的學科。

　　如果能讓孩子們從小在這樣的寶庫中徜徉，年復一年，耳濡目染，吸收寶貴的精神養分成長，自然有一天，他們不但會去珍視、愛護、傳承、捍衛這些寶藏，而且還會創造出更多的寶藏來。

激發和創新

　　博物館是激發孩子好奇心的地方。在歐美發達國家，父母在周末帶孩子參觀博物館已成為一種習慣。在博物館，孩子們既能學知識，又能和父母進行難得的交流。有研究表明，十二歲之前經常接觸博物館的孩子，他的一生都將在博物館這個巨大的文化寶庫中汲取知識。

　　青少年正處在世界觀、人生觀和價值觀的形成時期，他們擁有最強烈的好奇心和最天馬行空的想像力。現代博物館，既擁有千萬年文化傳承的珍寶，又充分利用聲光電等高科技設備，讓孩子們通過參觀遊覽，在潛移默化中學習、了解中國五千年文化，這對完善其人格、豐厚其文化底蘊、提高其文化素養、培養其人文精神有著重要而深遠的意義。

讓孩子從小愛上博物館，既是家長、老師們的心願，也是整個社會特別是博物館人的責任。

基於此，我們在眾多專家、學者的支持和幫助下，組織全國的博物館專家編寫了“博物館裏的中國”叢書。叢書打破了傳統以館分類的模式，按照主題分類，將藏品的特點、文化價值以生動的故事講述出來，讓孩子們認識到，原來博物館裏珍藏的是歷史文化，是科學知識，更是人類社會發展的軌跡，從而吸引更多的孩子親近博物館，進而了解中國。

讓我們穿越時空，去探索博物館的秘密吧！

潘守永

於美國弗吉尼亞州福爾斯徹奇市

目錄

導言 ⋯⋯⋯⋯⋯⋯⋯⋯⋯⋯⋯⋯⋯⋯⋯⋯⋯⋯ xii

第 1 章　從甲骨文到顏筋柳骨

國寶傳奇 ⋯⋯⋯⋯⋯⋯⋯⋯⋯⋯⋯⋯⋯⋯ 003

鎮館之寶 ⋯⋯⋯⋯⋯⋯⋯⋯⋯⋯⋯⋯⋯⋯ 007

　　古代書法第一課 —— 毛公鼎 ⋯⋯⋯⋯⋯ 007

　　"下真跡一等"的書法瑰寶 ——《寒切帖》⋯⋯ 013

　　為國捐軀的紀念 ——《祭姪文稿》⋯⋯⋯⋯ 017

舉世無雙 ⋯⋯⋯⋯⋯⋯⋯⋯⋯⋯⋯⋯⋯⋯ 022

國寶檔案 ⋯⋯⋯⋯⋯⋯⋯⋯⋯⋯⋯⋯⋯⋯ 024

第 2 章　從彩陶繪畫到清明上河圖

國寶傳奇 ⋯⋯⋯⋯⋯⋯⋯⋯⋯⋯⋯⋯⋯⋯ 035

鎮館之寶 ⋯⋯⋯⋯⋯⋯⋯⋯⋯⋯⋯⋯⋯⋯ 042

　　中國繪畫的雛形 —— 舞蹈紋彩陶盆 ⋯⋯⋯ 042

　　來自民間的國寶名畫 ——《雪景寒林圖》⋯⋯ 045

　　情繫海峽兩岸的傳世奇珍 ——《富春山居圖》⋯⋯ 049

　　中西合璧的經典之作 —— 功臣畫像 ⋯⋯⋯ 054

舉世無雙 ⋯⋯⋯⋯⋯⋯⋯⋯⋯⋯⋯⋯ 060

國寶檔案 ⋯⋯⋯⋯⋯⋯⋯⋯⋯⋯⋯⋯ 062

第 3 章　從兵馬俑到雲岡石窟

國寶傳奇 ⋯⋯⋯⋯⋯⋯⋯⋯⋯⋯⋯⋯ 076

鎮館之寶 ⋯⋯⋯⋯⋯⋯⋯⋯⋯⋯⋯⋯ 081

　雕塑的萌芽 —— 人頭形器口彩陶瓶 ⋯⋯⋯⋯⋯⋯ 081

　漢宮中的歌舞 —— 百戲俑 ⋯⋯⋯⋯⋯⋯⋯⋯ 083

　古代雕塑藝術寶庫 —— 雲岡石窟 ⋯⋯⋯⋯⋯⋯ 086

　奔馳中的戰馬 —— 昭陵六駿 ⋯⋯⋯⋯⋯⋯⋯ 091

舉世無雙 ⋯⋯⋯⋯⋯⋯⋯⋯⋯⋯⋯⋯ 096

國寶檔案 ⋯⋯⋯⋯⋯⋯⋯⋯⋯⋯⋯⋯ 099

第 4 章　從河姆渡骨哨到玉壺冰琴

國寶傳奇 ⋯⋯⋯⋯⋯⋯⋯⋯⋯⋯⋯⋯ 111

鎮館之寶 ⋯⋯⋯⋯⋯⋯⋯⋯⋯⋯⋯⋯ 114

　古老中國的音階 —— 曾侯乙編鐘 ⋯⋯⋯⋯⋯⋯ 114

　濫竽充數 —— 馬王堆漢墓竽 ⋯⋯⋯⋯⋯⋯⋯ 117

　一片冰心在玉壺 —— 玉壺冰琴 ⋯⋯⋯⋯⋯⋯ 120

舉世無雙 ⋯⋯⋯⋯⋯⋯⋯⋯⋯⋯⋯⋯ 124

國寶檔案 ⋯⋯⋯⋯⋯⋯⋯⋯⋯⋯⋯⋯ 128

博物館參觀禮儀小貼士 ⋯⋯⋯⋯⋯⋯⋯⋯ 136

博樂樂帶你遊博物館 ⋯⋯⋯⋯⋯⋯⋯⋯ 138

導 言

走進輝煌的藝術殿堂

中國是世界上少有的歷史文化從未間斷並一直延續至今的國家。中華文明儘管也歷經滄桑，卻始終綿延發展、傳承不絕，體現出中華民族的凝聚力和自強不息的民族精神。

中國古代物質文明和精神文明豐富多彩、燦爛輝煌，古人的這些情調、雅致、智慧、審美，如今都凝結在一件件歷史的"倖存者"身上，它們正靜立在博物館裏，期待著人們去欣賞、去了解，並通過它們回望那段早已遠去的時光。它們或許在被創造之初就沒有華麗的外表，或許在歲月的侵蝕中失去了曾經的光輝，可是這掩蓋不了它們的價值。

博物館中的文物們不會說話，可能你難以通過外表來追尋曾經發生在它們身上的故事，再加上時光的消磨、制度的變化、習俗的轉變、審美的差異，拉開了你與古人認知上的距離。所以，我們希望找到一個途徑，讓你通過了解這些文物，來了解中國古代燦爛的文藝。

於是，有了這本書，替文物說說自己的身世，為你還原一個鮮活的古代社會，拓寬你的文化視域，這或許也是我們文博工作者所應承擔的歷史使命吧！

翻開這本書，你會看到：

一件件碑刻、法帖，在文字演變進程中湧動著的是先賢們在文學與書法藝術上的高潮迭起、美不勝收；

一件件卷軸、冊頁，在古代生活場景間展現的是先民們"外師造化、中得心源"的審美情趣；

一件件造像、雕塑，在古人禮佛敬天的虔誠中閃爍著的是勞動人民無可比擬的勤勞與智慧；

一件件鐘鼓、琴瑟，在悠揚古遠的旋律間流露出的是先輩們清和淡雅的才情與天人合一的空靈……

來吧，同學們，請翻開這本書，跟著我徜徉在這古老的文化裏，了解更多古代文藝，在不經意中真切地感悟前人的智慧與偉大！相信你會愛上這本書，愛上博物館，愛上祖先留給我們的輝煌文化！

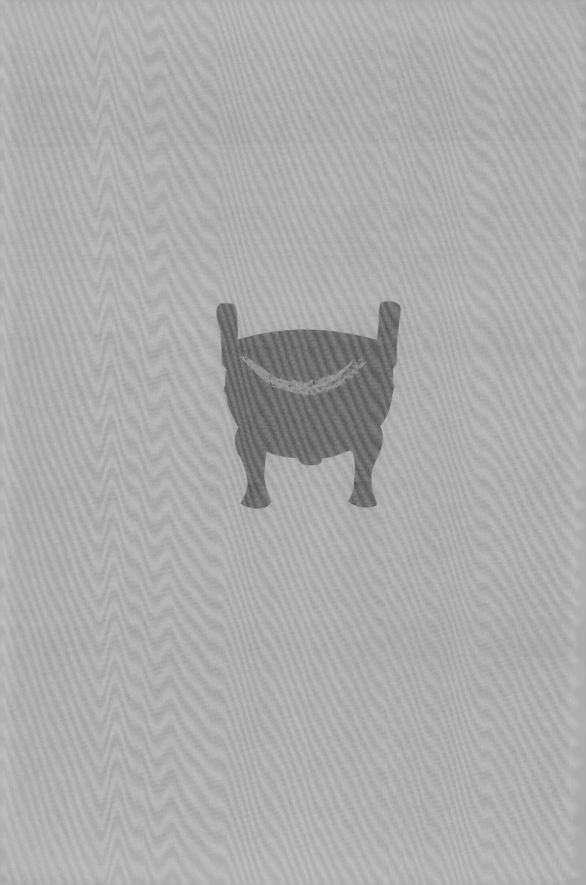

第 1 章

從甲骨文到顏筋柳骨

文字是文明的重要標誌。中國書法以漢字為主體，以筆法、結構、章法為基本要素，將實用性和審美性融為一體，是中國傳統文化藝術中重要的組成部分，也是世界公認的獨特文化藝術種類之一。

早在公元前六千多年，我們的先民就創造了陶文——刻畫在陶器上的符號。到了約三千年前的商代，甲骨文出現了，這標誌著中華文明有了成熟的文字和契刻書法藝術。漸漸地，隨著社會經濟和文化的發展，書寫使用的工具和負載文字的材料逐漸豐富，進而形成了篆、隸、草、行、楷諸體，構成了中國燦爛輝煌的書法藝術發展史。

陶器上的符號

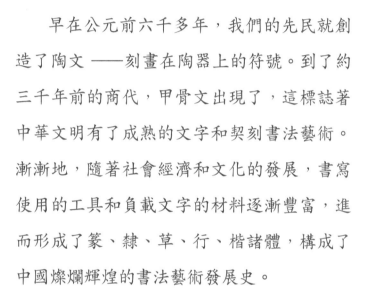

"永"字書法體的演變

| 甲骨文 | 篆書 | 隸書 | 草書 | 行書 | 楷書 |

國寶傳奇

是什麼人在這些骨片上刻下了神秘的符號，隱約昭示著遠古的文明？是什麼人投下了智慧的目光，悄然揭開了甲骨的奧秘？一百年的解讀，破譯著甲骨文的奧妙；幾代人的探尋，引領我們走進了一個塵封的王朝。

河南安陽小屯村是一個普通的小村落，那裏的人們經常能在自家的田間地頭挖出一些破碎的骨片，骨片上還刻有奇怪的圖案……1899年春天，天津的古物愛好者王襄、孟廣慧從河南來的古物商人手中見到這種骨片，認為是遠古人們遺留的東西，從此開始了他們收集研究這些骨片的傳奇生活。1899年的夏末，距天津一百多千米的北京，一個偶然的機會，這樣的骨片落到了官員

甲骨

中國古代占卜時用的龜甲和獸骨。龜甲又稱為卜甲，多用龜的腹甲；獸骨又稱為卜骨，多用牛的肩胛骨，也有羊、豬、虎骨及人骨。卜甲和卜骨，合稱為甲骨。在中國發現於距今約八千年的舞陽賈湖遺址甲骨，被譽為世界上最早的文字起源——契刻符號。

腳被刺了一下，看，又有骨片吶。

王懿榮的手中。王懿榮當時正在患病，而當藥抓回來後，本為金石學家、精研古代文字的王懿榮發現其中一味叫作龍骨的藥，看起來似乎是年代久遠的動物骨頭，一些大的殘片上面居然有許多非常有規律的符號，很像古代文字，但其字體又前所未見。他大膽猜測，這些灼燒和鑿刻出來的痕跡很可能是一種古老的文字。雖然一時難解，但他買下了藥舖裏的所有"龍骨"。

從此，王懿榮便開始了對這些骨片的研究，並取得了一些進展。可惜，當他去世後，這一千五百餘片"龍骨"也散佚各地。然而，他為甲骨文研究打開的那扇大門卻沒有從此關閉。王懿榮的老朋友劉鶚將自己收藏的甲骨的情況編輯成《鐵雲藏龜》出版發行，使甲骨文第一次以出版物的形式出現在公眾的視野裏。由此，更多的人開始對甲骨上的文字產生興趣。後來，一位叫羅振玉的古文字學家揭開了甲骨文的身世之謎。他發

占卜

"占"意為觀察，"卜"是以火灼龜殼，認為就其出現的裂紋形狀，可以預測吉凶福禍。它通過研究觀察各種徵兆所得到的不完全的依據來判斷未知事物或預測將來。

骨頭上的痕跡是什麼呢？

現甲骨的出土地安陽小屯村與史書上記載的商王朝國都的位置幾乎相同，進而大膽斷定，甲骨上的文字記載的就是商代人占卜的結果。

甲骨是指中國古代占卜時用的龜甲和獸骨。用甲骨占卜在中國有著悠久的歷史，在新石器時代晚期就已出現，至商代盛行。商王和貴族幾乎每事必卜，甲骨文主要記載的就是占卜的內容。甲骨文是中國已發現的古代文字中時代最早且體系較為完整的文字，已經初步具備了中國書法的

圖 1.1.1
商 "婦好冥" 卜骨
天津博物館館藏

筆法、結構、章法三要素。其用筆線條嚴整有力，曲直粗細均備，筆畫多方折，對後世的篆刻有一定的影響。文字雖大小不一，但比較均衡對稱；雖受骨片大小和形狀的影響，仍表現了鐫刻的技巧和書寫的藝術特色。

如今，甲骨學已成為一門蔚為壯觀的世界性學科，從事研究的中外學者有很多人，出版發表的專著、論文達幾千種，對歷史學、文字學、考古學等學科都具有極其重要的意義。"甲骨書法"長期以來的流行，證明了它永恆的魅力。甲骨文的發現以及由此引發的殷墟發掘，對中國考古學具有劃時代的意義。

圖 1.1.2
商 "月有食" 卜骨
天津博物館館藏

鎮 館 之 寶

商周時期，甲骨文、金文等構成了中國最早的文字系統。前面我們已經了解了甲骨文，現在著重介紹一下金文。所謂金文，就是刻在青銅器上的銘文，也叫鐘鼎文。

說到中國古代鐫刻銘文字數最多的青銅器，就要數收藏在台北"故宮博物院"的毛公鼎了，它與大盂鼎、大克鼎一道被譽為"海內三寶"，是中國古代青銅器的巔峰之作。

古代書法第一課──毛公鼎

圖 1.2.1
毛公鼎
台北"故宮博物院"館藏

它是這個樣子的

毛公鼎通高五十三點八厘米，重三十四點七千克，大口圓腹，口沿上聳立著兩隻高大的耳朵，半球狀深腹，腹下三隻獸蹄形狀的足敦實有力。整個鼎的造型渾厚而凝重，紋飾簡潔有力、古雅樸素。毛公鼎內腹部有四百九十九個字（一說四百九十七字，因釋讀不同所致），仔細觀察，字與字之間都有方格相隔。原來，這些字都是先在鼎上刻畫出格子，再鑄上的。那麼，這些密密麻麻的文字記錄的是什麼呢？

原來，周宣王即位之初，冊封了他的叔父毛公，命他輔佐王室管理重大事務，還賞賜了他很多東西，所以毛公鑄了此鼎，刻上文字，表示世世代代永不忘記周宣王的恩情。

毛公鼎鑄造精良，鼎內壁的銘文不僅具有重要的史料價值，而且書法精巧優美，結構獨特。文字佈局猶如群鶴遊天、蛟龍戲海，氣勢磅礴，神采飛揚，是西周時代遺留下的書法楷模。清末

圖 1.2.2
毛公鼎（俯視圖）
台北 "故宮博物院" 館藏

圖 1.2.3
毛公鼎銘文（局部）
台北“故宮博物院”館藏

民初書法家李瑞清這樣評價毛公鼎上的書法：「毛公鼎為周廟堂文字，其文則《尚書》也，學書不學毛公鼎，猶儒生不讀《尚書》也。」

既是國寶，自然是稀有之物，誰都想擁有它，所以毛公鼎的命運多舛也就不難理解了。

坎坷的命運

清代道光年間，陝西岐山縣農民董春生在自家農田裏種地時挖出了這件寶貝。後來，它被陝西古玩商運到北京的琉璃廠，經秘密交易，由山東濰縣金石學家陳介祺以重金收購。得到寶鼎後，陳介祺便親自護送毛公鼎到自己原籍，秘不示人，要家人永遠珍藏。陳介祺去世二十幾年後，嗜好收藏的直隸總督端方倚仗權勢，強行從陳氏後人那裏買走了毛公鼎。後來，端方家人將鼎抵押在銀行，曾有日本、英國、美國等國人士想從銀行中贖出寶鼎。收藏家、書法家葉恭綽在得知了毛公鼎的遭遇後，不惜代價贖回了它，受到了當時文化界人士的廣泛稱讚。抗日戰爭爆發，葉恭綽前往香港，卻沒能將毛公鼎一起帶走，直到戰爭結束，它才輾轉由商人陳永仁捐獻給政府，其間還差點兒被日本人給搶走。

毛公鼎自出土後，在民間流傳了九十五年，

《尚書》

《尚書》相傳為孔子編定。孔子晚年集中精力整理古代典籍，將上古時期的堯舜一直到春秋時期秦穆公時期的各種重要文獻資料匯集在一起，經過認真編選，選出一百篇，這就是百篇《尚書》的由來。

歷經滄桑，終於在 1946 年 8 月回歸中央博物院籌
備處。1948 年，它跟隨一批珍貴文物遷到台灣，
今藏於台北"故宮博物院"。

　　到了漢代，紙與筆的使用極大地推動了書法
藝術的發展。漢末，字體的演變已基本完成，篆、
隸、草、行、楷五體俱備。魏晉時期的書法崇尚風
韻，注重書法經驗的總結和理論研究，王羲之、王
獻之等大書法家輩出，書法創作空前繁榮。

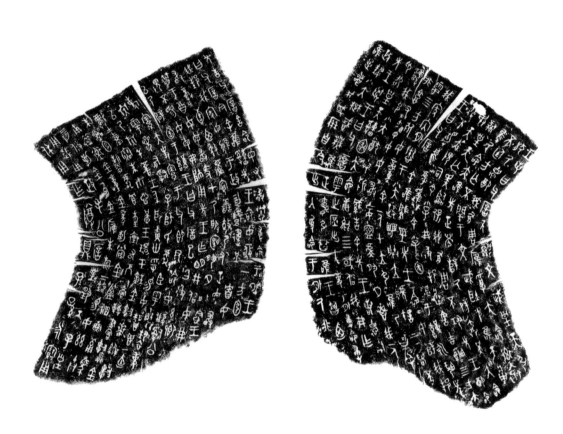

圖 1.2.4

毛公鼎銘文拓片

"下真跡一等"的書法瑰寶——《寒切帖》

　　大家一定聽過"入木三分"這個成語吧！它的由來和一千六百多年前的一位大書法家有關，他就是被譽為"書聖"的王羲之。

書法家的風采

　　王羲之是東晉著名的書法家，隸、草、楷、行各種書體兼能，特別擅長行書、草書。他博採眾長，自成一家，受到了歷代書法家的推崇，所寫的《蘭亭集序》更被譽為"天下第一行書"。

　　王羲之從七歲開始練習書法，勤奮好學。少年時他把父親秘藏的前代書法作品偷來閱讀，看熟了就練著寫。他每天坐在池子邊練字，送走黃昏，迎來黎明，寫完了無數墨水，寫爛了無數筆頭。他每天練完字就在池水裏洗筆，天長日久，竟將一池水都洗成了墨色。這一池墨色現在還在紹興的墨池中等待著人們來瞻仰。王羲之練字專心致志，達到了廢寢忘食的地步，吃飯走路時也在揣摩字的結構，不斷地用手在身上畫字默寫，久而久之，衣襟都磨破了。功夫不負有心人，有一次，他應邀為人寫一塊匾，在木板上寫了幾個字樣，送去叫人雕刻。刻工發現字的墨跡竟滲入

王羲之

王羲之（303—361年），漢族，字逸少，號澹齋，原籍琅琊臨沂（今屬山東臨沂），後遷居山陰（今浙江紹興），因王羲之曾任右將軍，世稱"王右軍"、"王會稽"。是東晉的書法家，被後人尊為"書聖"，與兒子王獻之合稱"二王"。

木板裏面約有三分深。於是，人們就用“入木三分”這個成語來形容其書法筆力強勁，後來還用它來比喻對事物見解、議論的深刻。

十分可惜的是，如此大名鼎鼎的書法家，我們如今卻看不到他的書法真跡了。如果照相機、複印機、掃描儀之類的機器早出現一千多年，或許我們現在就能如願。當時的人們也在想盡辦法“拷貝”這位書聖的字跡，今天我們所能見到的王羲之書法，有勾摹的墨本和法帖摹刻拓本兩種。唐宋時勾摹的墨本是直接從原跡上勾勒填墨而成，最為接近王羲之書法原貌，因此尤顯珍貴，被世人稱為“下真跡一等”。

它是這個樣子的

我們現在看到的這件《寒切帖》，正是十分稀有的“下真跡一等”的作品，是唐人勾摹王羲之

呃，這幾個字沒寫好，再練三遍。

王羲之

的草書。此帖共有五十一個字，是王羲之寫給他的好朋友謝安的回信。信的內容大致是：收到您的兩封書信，得知您對我的問候，甚感欣慰。現在天氣很冷，近來都好嗎？您長期操心勞累，我一直掛念在心。我進食很少，身體衰弱，還要勉力作書，其他的就不一一說了。羲之答書。

天津博物館珍藏的這件《寒切帖》是王羲之晚年成熟書法作品的代表，書體遒勁腴潤，筆意神采超逸，書風從容豐腴，體現了王羲之晚年書

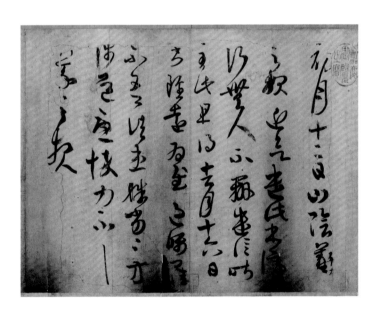

圖 1.2.5
《寒切帖》（局部）
天津博物館館藏

法的成就。宋代時，此帖曾入藏宮廷，明代流入民間，先後被明代韓世能、王錫爵，清代王時敏等人收藏，是一件流傳有緒的書法藝術珍品。

自魏晉開始確立的師承關係，形成的書法流派，推動了書法的發展。隋代書法家以智永為代表，而初唐則以歐陽詢、虞世南、褚遂良、薛稷四大家為代表。唐代奠定了楷書的規範，形成了嚴格的法度。值得一提的是顏真卿、柳公權的楷書，入古出新，自成一家，被世人稱為“顏筋柳骨”。

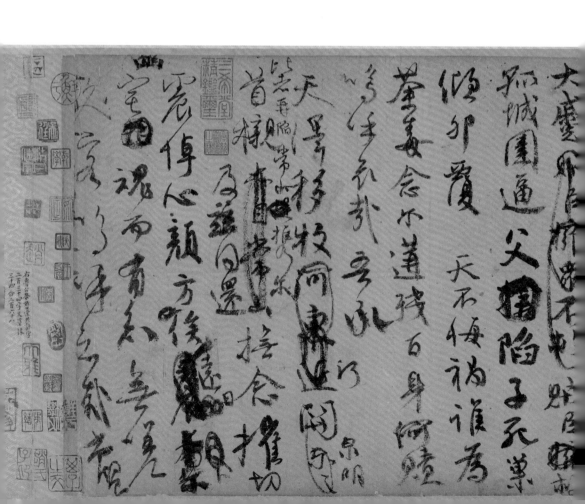

為國捐軀的紀念──《祭姪文稿》

在中國，從古至今，一直有"字如其人"的說法，往往從一個人的字可以看出他的性格。在古代，有一位書法美與人格美完美結合的大書法家，他就是唐代的顏真卿。

書法家的風采

顏真卿，唐代傑出的書法家。他初學褚遂

圖 1.2.6

《祭姪文稿》

台北"故宮博物院"館藏

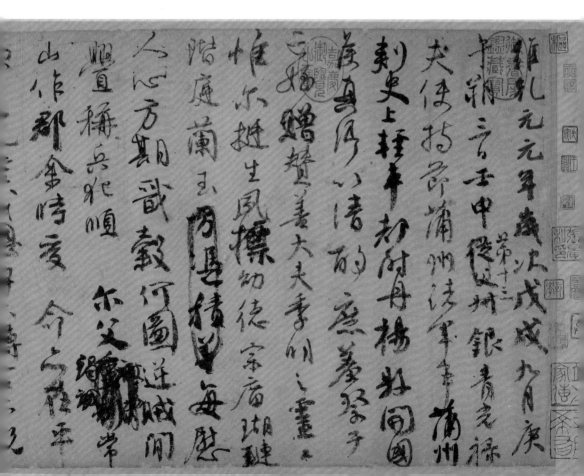

良，後師從張旭。他的筆法兼收篆隸和北魏筆意，自成一種方嚴正大、樸拙雄渾、大氣磅礴的"顏體"，對後世影響巨大。

安史之亂時，由於抗賊有功，他任吏部尚書、太子太師，封魯郡開國公，所以後世也稱他為"顏魯公"。德宗時，李希烈叛亂，他以社稷為重，親赴敵營，曉以大義，卻被李希烈縊殺，終年七十七歲。他的書法風格不僅體現了大唐帝國繁盛的風度，又與他高尚的人格相契合。

你這做臣子的，怎麼做出這種事?!

它是這樣寫出來的

這幅《祭姪文稿》行草墨跡，是顏真卿為從姪季明寫的一篇祭文草稿。顏季明在安史之亂中為叛軍所殺。由於顏真卿當時的心情極度悲憤，用筆之間情如潮湧，一氣呵成，常常寫至枯筆，悲憤激昂的心情流露於字裏行間，所以文稿上面時有塗抹，但正因為信筆揮灑，此帖寫得凝重而又神采飛揚，通篇波瀾起伏，是在極其悲憤的心情下進入的最高藝術境界，被譽為"天下第二行書"。

《祭姪文稿》曾經被北宋宣和內府，元代張晏、鮮于樞，明代吳廷，清代徐乾學、王鴻緒以及清內府等收藏，現藏於台北"故宮博物院"。

宋代刻帖興起，《淳化閣帖》的問世使得前代書法得以流傳推廣。蘇軾、黃庭堅、米芾、蔡襄四家，代表了宋代抒放達意的書風。元代趙孟頫是繼承前人、自立成家的首要代表。

明代盛行帖學，明初宋克以章草著名。到了明中期，祝允明、文徵明、王寵等吳門書家中興明代書學。明末董其昌、米萬鐘、邢侗、張瑞圖被並稱為"明末四大書家"。

清初，康熙、乾隆皇帝推崇董其昌和趙孟頫的書法主張，所以董趙之風籠罩一時。乾嘉之際，金石學盛行，促興了碑學。金農、鄭燮等在帖學籠罩下另闢蹊徑。何紹基、張裕釗、趙之謙學魏碑有所創新。而有清一代的篆隸，則以鄭簠、鄧石如、伊秉綬、陳鴻壽等為佼佼者。

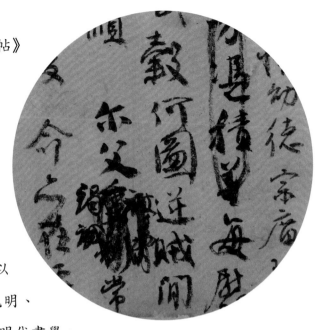

圖 1.2.7
《祭姪文稿》（局部）
台北"故宮博物院"館藏

《淳化閣帖》

《淳化閣帖》是中國最早的一部匯集名家書法墨跡的法帖，共十卷，收錄了先秦至隋唐一千多年的書法墨跡。

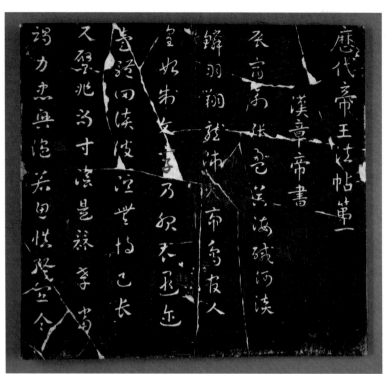

歷代帝王法帖第一

漢章帝書

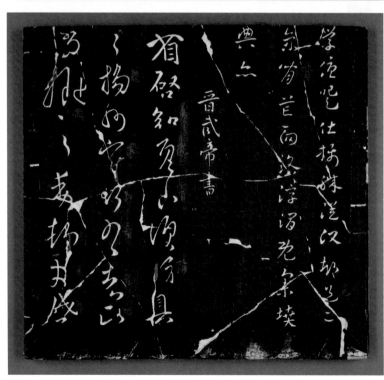

晉武帝書

圖 1.2.8
淳化閣帖

021

舉 世 無 雙

什麼是金文？

青銅器上的銘文稱作金文，舊稱鐘鼎文，是鑄或刻於青銅上的文字。它初始於商末，盛行於西周，記錄的內容與當時社會，特別是與王公貴族的活動息息相關，多為祀典、賜命、征伐、圍獵等事。自西周以來，銘文被普遍地使用。由於商周盛行青銅器，而青銅禮器以"鼎"為代表，樂器以"鐘"為代表，因而得名"鐘鼎文"。商代青銅器上的文字很簡單，少則只有圖案化的族徽，多也不過百十來字。西周金文則在數量上有了飛躍，著名的有《毛公鼎銘》《虢季子白盤銘》《大盂鼎銘》和《散氏盤銘》等。

圖 1.3.1
大盂鼎銘文拓本（局部）

什麼是瘦金體？

瘦金體是宋徽宗趙佶創造的書體，也稱"瘦金書"或"瘦筋體"。他早年學薛稷、黃庭堅，又參用褚遂良的筆法，融會貫通，最終形成了自己瘦勁險峭的風格，稱為"瘦金體"。

它的特點是瘦直挺拔，側鋒如蘭竹，橫畫收
筆帶鈎，豎畫收筆帶點，撇如匕首，捺如切刀，
豎鈎細長，所謂"如屈鐵斷金"。

圖 1.3.2
趙佶創造的瘦金體

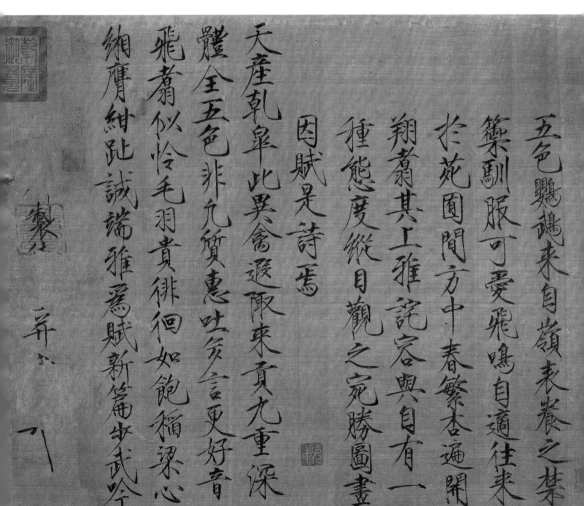

國 寶 檔 案

身世揭秘：《古詩四帖》為墨跡本，五色箋，狂草書，共四十列，一百八十八字，無款。詩帖前兩首是南北朝庾信的《道士步虛詞》之六和之八，後兩首是南朝謝靈運的《王子晉讚》和《四五

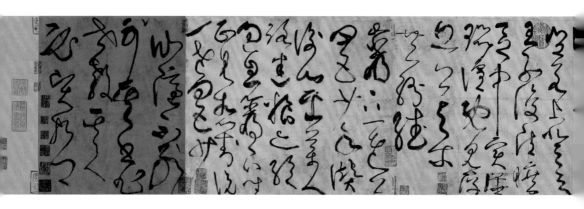

少年讚》，為中國書法發展史上具有里程碑意義的傑作。此幅草書，落筆力頂千鈞，行筆婉轉自如，給人以一氣呵成、痛快淋漓之感。

張旭，字伯高，唐開元至天寶（713—756）年間吳（今江蘇蘇州）人，以精能之至的筆法和豪放不羈的性情，開創了狂草書風，被後世譽為"草聖"。相傳他常於醉後揮毫，與盛唐之際的另一位草書大家懷素，並稱"顛張醉素"。他的草書在當時就負有盛名，與李白的詩歌、裴旻的劍舞，並稱"三絕"。

此帖在北宋一度被認為是謝靈運所書，明代董其昌考證認定是張旭所書，也是今草向狂草演變的實物例證。

今草與狂草

"今草"是草書的一種，興起於漢代末年，書寫簡便自由，適應了隸書向楷書、行書的發展。"狂草"由"今草"發展而來，是草書中最為豪放的一種。

圖 1.4.1
《古詩四帖》

懷素《苦筍帖》

年代：唐代

器物規格：縱 25.1 厘米，橫 12 厘米

出土地點：傳世

所屬博物館：上海博物館

身世揭秘：這幅書法作品是草書《苦筍帖》。從帖前的清代乾隆皇帝題字"醉僧逸翰"中，我們不難知道，這幅珍貴的書法作品原來是收藏在宮廷內府的。作者懷素，長沙（今屬湖南）人，是唐代傑出的書法家。他自幼出家為僧，愛好書法，喜歡飲酒，喝到盡興便在寺廟的裏牆上、衣服上、器具上寫字，自言"飲酒以養性，草書以暢志"。他的草書像驟雨旋風一樣，瞬息萬變，被稱為"狂草"。《苦筍帖》有兩列，共十四個字，字雖不多，但技巧嫻熟，看似變化無常，卻不失規範，是懷素傳世書跡中的代表作。此帖宋代時曾入紹興內府收藏，後歷經元、明、清等多位收藏家收藏，現藏於上海博物館。

飲酒以養性，草書以暢志。

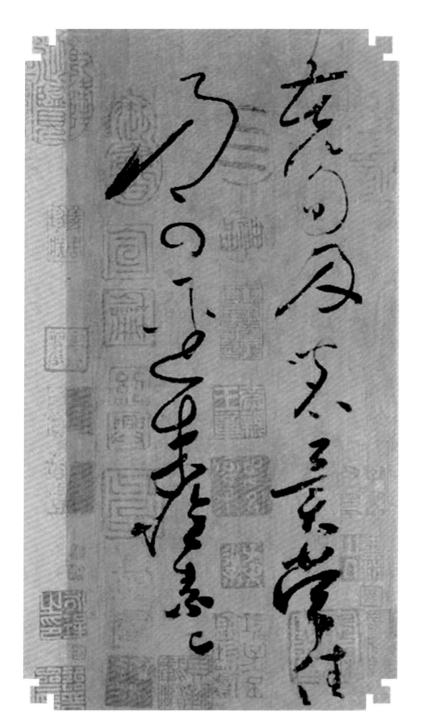

圖 1.4.2

《苦筍帖》（局部）

宋徽宗《穠芳依翠萼詩帖》

年代：宋代

器物規格：縱27.2厘米，橫265.9厘米

出土地點：傳世

所屬博物館：台北"故宮博物院"

　　身世揭秘：說起中國古代的皇帝，有藝術特長的可不少。唐太宗李世民，清代的康熙皇帝、乾隆皇帝等，都是書法高手。但在眾多帝王中，有一位皇帝不僅稱得上是有名的書畫家，而且還自創了一種書體，他就是宋徽宗趙佶。宋徽宗喜好書畫，天賦極高，最擅長花鳥畫。他創造的"瘦金體"是書法史上的一項獨創，充滿了藝術個性。《穠芳依翠萼詩帖》字大近五寸，每列兩字，共有二十列。書法結構瀟灑，筆致勁健，是"瘦金體"的代表作，也是傳世的宋徽宗書法作品中字跡最大的。

圖 1.4.3

《穠芳依翠萼詩帖》

文徵明《醉翁亭記》

年代：明代

器物規格：縱 53.5 厘米，橫 28.6 厘米

出土地點：傳世

所屬博物館：台北 "故宮博物院"

　　身世揭秘：每當我們提到 "醉翁之意不在酒" 這句話時，總能想到宋代大文豪歐陽修寫下的名篇《醉翁亭記》。大家眼前的這幅《醉翁亭記》是明代被譽為 "江南四大才子" 之一的文徵明在八十二歲時所書寫的。全文精整挺秀，鐵畫銀鉤。文徵明在八十多歲的高齡還能寫出如此結構穩健、筆法精到、乾淨整潔的小楷，實為難能可貴！

　　文徵明，江蘇長洲（今江蘇蘇州）人，是明代中期著名的畫家、書法家，與沈周、唐寅、仇英並稱為 "明四家"。他早年屢屢參加科舉卻不

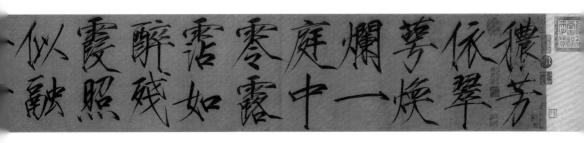

環滁皆山也。其西南諸峰，林壑尤美，望之蔚然而深秀者，瑯琊也。山行六七里，漸聞水聲潺潺而瀉出於兩峰之間者，釀泉也。峰回路轉，有亭翼然臨於泉上者，醉翁亭也。作亭者誰？山之僧智僊也。名之者誰？太守自謂也。太守與客來飲於此，飲少輒醉，而年又最高，故自號曰醉翁也。醉翁之意不在酒，在乎山水之間也。山水之樂，得之心而寓之酒也。

若夫日出而林霏開，雲歸而巖穴暝，晦明變化者，山間之朝暮也。野芳發而幽香，佳木秀而繁陰，風霜高潔，水落而石出者，山間之四時也。朝而往，暮而歸，四時之景不同，而樂亦無窮也。

至於負者歌於塗，行者休於樹，前者呼，後者應，傴僂提攜，往來而不絕者，滁人遊也。臨溪而漁，溪深而魚肥，釀泉為酒，泉香而酒洌，山肴野蔌，雜然而前陳者，太守宴也。宴酣之樂，非絲非竹，射者中，弈者勝，觥籌交錯，起坐而諠譁者，眾賓懽也。蒼顏白髮，頹乎其中者，太守醉也。

已而夕陽在山，人影散亂，太守歸而賓客從也。樹林陰翳，鳴聲上下，遊人去而禽鳥樂也。然而禽鳥知山林之樂，而不知人之樂；人知從太守遊而樂，而不知太守之樂其樂也。醉能同其樂，醒能述以文者，太守也。太守謂誰？廬陵歐陽修也。

余於梅韻堂展玩右軍黃庭經初刻，見其筋骨肉三者俱備，後人得其一總其一，即唐初諸公親覿右軍墨跡，尚不能得，何況今日。至其冰姿玉質，宛如飛天仙人，又如臨波仙子，雖久為規撫，而杳不能至。近余且屏居梅韻齋中，案頭日置黃庭經一本，展玩逾時，倦則啜茗數杯，否六握卷引卧，再日顒然，如是者數月，而右軍運筆之法，炙之愈出，味之愈永，發為執筆擬之，終日不成一字。近秋初氣爽，偶撫閱歐陽公文集，愛其婉逸流媚，註傳歐陽公之文集，愛其婉逸流媚，浮昌黎遺稿于慶書簏中讀，而心慕之，若探驪，至忘寢食，遂以文章名冠天下。予輒有動于中，同傲右軍作小楷數百餘字，聊以寄意，敢云如鳳凰臺之於黃鶴樓也。

嘉靖三十一年辛亥七月二十四日長洲文徵明書於玉磬山房時年八十有二

太順利，直到五十四歲那年，經工部尚書推薦，才被授予職低俸微的翰林院待詔的職位。這時他的書畫已負盛名，求其書畫的人很多，因此受到了翰林院同僚的嫉妒和排擠，於是他在五十七歲辭官，回家鄉定居，潛心於詩文書畫。文徵明晚年聲譽卓著，號稱“文筆遍天下”，求購他書畫的人踏破門檻。他年近九十歲時，還孜孜不倦，為人書墓志銘，未待寫完，“乃置筆端坐而逝”。文徵明在藝術上涉獵廣泛，詩、文、書、畫無一不精，人稱“四絕”。在書法方面，他尤其擅長行書和小楷。台北“故宮博物院”珍藏的《醉翁亭記》便是其小楷的代表作。

圖 1.4.4
文徵明《醉翁亭記》
台北“故宮博物院”館藏

第 2 章

從彩陶繪畫到清明上河圖

繪畫是中國傳統藝術重要的組成部分，源遠流長。最早的繪畫可不是像現在一樣畫在紙上，而是出現在原始的陶罐上、嶙峋的岩壁上、人工修整過的土地上。來，跟我穿越時空，一起看看中國繪畫的故事吧！

國寶傳奇

　　北宋宣和年間，首都汴京雕樑畫棟、巍峨壯闊的相國寺中聚集了不少以繪畫為生的民間畫師。其中，有一位來自山東諸城、擅長畫風俗畫的年輕人，他叫張擇端。遊學汴京的張擇端被繁華的都城打動，決心留在這裏。由於盤纏用盡，他只得寄住在相國寺。張擇端夜晚給寺院修補佛教壁畫，白天則在寺內簡陋的倉房裏潛心作畫。一天，宋徽宗在侍從的護衛下，聲勢浩蕩地駕臨相國寺降香，聽說寺內寄居著一位揚言要把繁華汴京城搬到畫中的年輕人，便召見了他。交談之中，兩人十分投緣，相見恨晚。同為丹青高手的宋徽宗認為，眼前這位才華橫溢的年輕人是大宋不可多得的繪畫奇才。於是，他立即下旨讓張擇端把汴京的繁華盛景繪成畫卷，以示世人。

汴京真美啊！
總有一日我要將這汴京
繁華統統入畫。

　　數載丹青，張擇端終於創作完成了畫卷。當
這幅長卷被慢慢地展開時，宋徽宗驚呆了 ——
畫卷將繁花似錦、欣欣向榮的汴京活靈活現地呈
現在他的面前。這幅長達五米多的畫卷，以全景
式的構圖、細膩的筆法真實地記錄了宋徽宗宣和
年間清明時節汴京繁華熱鬧的景象，市井百態躍
然紙上。被畫卷中夢幻般的繁華祥瑞之氣所迷醉

汴京風景集於一畫！
真乃“神品”！

圖 2.1.1

《清明上河圖》(局部)

故宮博物院館藏

圖 2.1.2

《清明上河圖》（局部）

故宮博物院館藏

的宋徽宗大喜過望，稱這幅長卷為“神品”，並用“瘦金體”親筆在畫上題寫“清明上河圖”五個字，還專門蓋上了他那枚特製的雙龍小印。從此，他將這幅長卷視為珍寶，收入皇宮內府秘藏，成為這幅傳世傑作《清明上河圖》的第一位收藏人。

金兵大舉進犯中原，1127 年，汴京陷落，古都變成一片廢墟。第二年，金兵擄走徽、欽二帝，搶掠無數珍藏北返，北宋至此滅亡，史稱“靖康之難”。《清明上河圖》也在這場災難中被劫掠，開始了它顛沛流離的命運。自北宋起，歷經元、明、清三代，《清明上河圖》四次進入皇宮，又四次被偷盜出宮，期間各種仿本層出不窮。其中最知名的就是乾隆命清宮畫院的五位畫家在 1736 年合力重作的一幅清院本《清明上河圖》，可以說是按照各朝的仿本，集各家所長之

啊！這難道就是傳說中的《清明上河圖》？

作，現藏於台北“故宮博物院”。

　　1945年，中國人民解放軍在瀋陽截獲了欲逃往日本的清末代皇帝溥儀，並繳獲了其隨身攜帶的一批珠寶玉翠、書法名畫。這批國寶被送往當時的東北博物館（今遼寧省博物館）。二十世紀五十年代初，楊仁愷和研究室的同事們接受了清點這批文物的任務。在一些已經被其他工作人員認定為贗品的書畫作品中，楊仁愷無意間看到了一卷題簽上寫著“清明上河圖”五個字的殘破畫卷。畫面呈古色古香的淡褐色，氣勢恢弘，人物、景物栩栩如生，與自己先前所見的所有仿摹品有著天壤之別。令人感到不可思議的是，畫卷上歷代名人的題跋非常豐富、翔實，歷代的收藏印章更是琳琅滿目。經專家鑒定，這確實是八百多年來在傳說中隱現的北宋張擇端的真跡！這顆滄海遺珠，現在被保存在故宮博物院。

鎮 館 之 寶

中國繪畫的雛形──舞蹈紋彩陶盆

圖 2.2.1
舞蹈紋彩陶盆
中國國家博物館館藏

　　遠處這麼多人正手拉手圍成一圈跳舞，是不是在舉辦篝火晚會呀？原來，這是一件彩陶盆上描繪的場景。這件彩陶盆名叫"舞蹈紋彩陶盆"，出土於青海省大通縣一個名叫上孫家寨的小村莊，是一件距今五千多年的新石器時代馬家窯文化的珍寶！它的價值不僅在於穿越千年，更在於它上面保留有祖先雖然青澀但神形兼備的畫技……

它是這個樣子的

　　陶盆內壁上繪畫了三組舞蹈圖，每組均為五

手拉手，來跳舞。

人，舞者們手拉著手，朝右前方步調一致地翩翩
起舞，似乎還踩著節拍。我們的祖先對於自己的
繪畫對象描繪相當仔細，人物的飾物描繪清晰。
頭飾與身上飾物分別向左右兩邊飄起，增添了舞
蹈的動感。每一組最外側兩人的外側手臂均畫出
兩根綫條，好像是為了表現臂膀擺動的樣子。舞
者腳下的平行弦紋，像是蕩漾的水波，小小陶盆
宛如平靜的池塘。整個畫面生動又動感十足，透
過畫面，我們看到了祖先對藝術樸素的追求。

原始人的狂歡節

　　他們為什麼歡快熱烈地起舞呢？有人認為是
遠古時期的人們在舉行狩獵歸來的慶功會，跳的

圖 2.2.2
舞蹈

是狩獵舞；也有人認為是氏族成員裝扮成氏族的圖騰獸在進行圖騰舞蹈，舞蹈者的飾物是人們為象徵某種動物而戴的頭飾和尾飾；還有人認為這是一種祈求人口繁盛和作物豐收的儀禮舞……

這件陶盆上的繪畫，是中國首次發現的直接描繪原始先民生活場景的圖畫，具有極高的歷史價值和藝術價值，彩陶盆也作為無雙國寶而被中國國家博物館珍藏。

先秦時期，繪畫藝術的風格大多神秘、詭異，體現了當時人們豐富的想像力。

時間的腳步來到魏晉南北朝，宗教故事為藝術家提供了豐富的創作素材，並產生了系統的文藝理論和畫論。其中，最著名的是顧愷之提出的"傳神寫照"的理論。

時至盛唐，以強大的國力為基礎，唐文化造就了一個豐富濃烈的藝術世界，繪畫也進入了全面發展期。山水、花鳥、人物等畫科各自獨立發展，水墨畫開始出現。五代是一個紛亂割據的時代，北方和中原文化藝術的發展受到壓抑，南方政局相對穩定，因而繪畫藝術在南方獲得了發展，南唐和後蜀開設了中國歷史上最早的正式畫院。

宋代山水畫取材於自然而超乎自然。中國山

傳神寫照

傳神寫照是指藝術家投入自己的情感，使文藝作品描繪的內容生動逼真。

水畫所蘊含的獨特境界在這一時期體現得最為充分，這種"外師造化，中得心源"的境界正是中國山水畫區別於西方寫實風景畫的根本所在。這一時期的山水畫大師創作的繪畫不僅是當時的財富，更為後人稱頌，完善了中國山水畫。

來自民間的國寶名畫——《雪景寒林圖》

它是這個樣子的

下面我們看到的這幅就是北宋山水畫三大家之一的范寬所繪的《雪景寒林圖》。

其實，"范寬"不是畫家的本名，因為他性情寬厚，大家都親切地稱他為"寬"，後來他便以"范寬"自名。他喜歡畫峰巒渾厚、雄博蒼勁的關中山川，是山水畫成熟時期北派的一代宗師。

這幅《雪景寒林圖》氣勢恢宏，它可不是畫在紙上面的，而是畫在絹上面，這麼大的畫布是由三條絹拼接而成的。整幅繪畫真實生動地為我們展現出秦隴山川後的磅礴景象，被公認為是范寬的傑作，"宋畫中當為無上神品"。

圖 2.2.3

《雪景寒林圖》（局部）

天津博物館館藏

印章的故事

提到國寶《雪景寒林圖》，還得從畫上的印章講起。在宋代，畫上面是不題字也不蓋章的，只是後來的收藏者為了表明自己曾經收藏過這幅畫，才不斷有人在宋代的畫上蓋章、題字。

觀察《雪景寒林圖》上面的這些印鑒，可以看到除了大名鼎鼎的乾隆皇帝以外，先後還有蕉林、安氏儀周、潞河張翼這樣一些收藏者留下了印記。"安氏儀周"即著名收藏家安岐，"儀周"是他的字，他後來入了旗人籍，並成為富甲一方的大鹽商。安儀周花巨資從收藏家梁清標手中購買了《雪景寒林圖》，臨賣時，梁清標在畫上蓋上了自己的"蕉林收藏"之印。安儀周將《雪景寒林圖》秘密收藏起來，他死後，安家的子孫便把這幅《雪景寒林圖》賣給了當時的直隸總督。為了討乾隆皇帝的歡心，直隸總督又把這幅畫轉獻給了乾隆皇帝。從此，《雪景寒林圖》一直被珍藏在皇宮裏。直到 1860 年，英法聯軍侵略北京，國寶文物遭受了一場前所未有的浩劫。

當時有一位叫張翼的人酷愛古玩書畫，經常出入古董行、舊書市一類的地方。這天，他發現一個英國士兵正在為一幅古畫和書商討價還價，便湊了過去。展開畫軸一看，他大吃一驚，畫上有乾隆皇帝"御書之寶"的方印。他斷定這是一件稀世珍寶，於是買下了這幅畫。回到家中，張翼拿著放大鏡細細地品玩，在畫角蓋上了"潞河張翼藏書記"的朱文方印，然後將畫秘藏於家中。張翼去世後，他的兒子張叔誠遵照父親的遺訓，從來不把《雪景寒林圖》示人。

抗日戰爭期間，張叔誠隱居在天津，這幅《雪景寒林圖》伴隨著他度過了許多艱難歲月。直到 1981 年，張叔誠先生將此畫捐獻給了國家，為傳家寶找到了一個好歸宿。這幅畫現藏於天津博物館。

《雪景寒林圖》至今保存完好，除畫絹自然變色外，幾乎沒有破損殘缺，這無疑更提升了它的藝術和史料價值。《雪景寒林圖》是現存於中國大陸的唯一的一幅范寬作品。一幅畫作流傳千年，其藝術性和收藏價值無可估量。

048

元代是古代繪畫開始轉變的重要時期，最突出的是文人畫佔據了畫壇的主流。畫家都是些身居高位的士大夫或在野文人，創作自由，表現自身的生活環境、情趣和理想。

元代中後期，出現了號稱"元四家"的黃公望、王蒙、吳鎮和倪瓚，他們的山水畫創作實踐和理論代表了此時山水畫發展的主流，對明清乃至現代的山水畫創作都產生了巨大影響。而在"元四家"中，若論對後世山水畫發展影響最深遠的，無疑是黃公望，其晚年所作的《富春山居圖》堪稱傑作。

情繫海峽兩岸的傳世奇珍——《富春山居圖》

它是這個樣子的

《富春山居圖》是元代畫家黃公望在元至正七年（1347年）七十九歲歸富春時為無用禪師所作，歷經七年才完成。此圖以長卷的形式描繪了富春江兩岸初秋的秀麗景色，用墨淡雅，山和水的佈置疏密得當，墨色濃淡乾濕並用，極富變化。他以清潤的筆墨、簡遠的意境，把浩渺連綿的江南山水表現得淋漓盡致，此畫堪稱中國古代水墨山水畫的巔峰之筆。

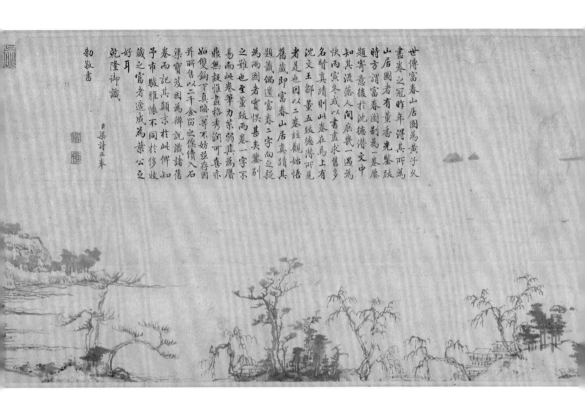

世傳富春山居圖為黃子久
畫卷之冠昨年得其所為
山居圖者有董光鑒跋
時方謂富春圖別為一卷屢
題寄意後於沈德潛文中
知其流落人間庶幾一遇為
快丙寅冬或以書畫求售多
名賢真蹟則此卷在焉上有
沈文王鄧董五絞德潛乃見
者是也因以二卷竝觀始悟
舊藏即富春山居真蹟其
題簽偶遺富春二字向之揣
為兩圖者實失鑒別之誤
之雜也至董跋兩甚氣趵
鼎而此卷筆力荼弱其為贋
易無疑雖妨畫格秀潤可喜亦
如雙鉤下真蹟一等不妨並存因
并所售以二千金留之俟續入石
渠寶笈因記其顛末桄此伴如
卷而記其顛末桄此伴如
藏之富者遂成為葉公之
好耳
乾隆御識
勅敬書
臣梁詩正奉

圖 2.2.4
《富春山居圖》（局部）
台北"故宮博物院"館藏

黃公望，字子久，號一峰、大癡道人，常熟
（今屬江蘇）人，擅長畫山水，多描寫江南自然景
物。他學畫起步較晚，初學五代宋初董源、巨然
一派，後受趙孟頫薰陶，善用濕筆披麻皴，為明
清畫人大力推崇，成為"元四家"中深孚眾望的
大畫家。他繪山水，一定要親自到那風景中去觀
察、體驗，畫上千丘萬壑、氣勢雄秀。此外，作
畫之餘，他還留有《寫山水訣》等著述，皆為後
世典範之學。

大癡畫卷予所見若櫕李項氏家藏沙磧圖長不及三尺為江上氏
此一峯里圖可為文圣无盡藏不似真跡此卷規摹董巨天真爛
檐後惟精能事之得之得大許應接不暇是子久平聞所無筆臨仿
長安每朝夕此畫遂將為毫請心奉一觀如寶所產珍貴暇
自謂一日清福心脾俱暢頂奉使三湘取道泾江皐相映發吾師乎吾師乎
雅購此圖藏之畫禪室中與摩詁室中相映發吾師乎吾師乎
一立五百年都具足矣丙申十月七日書于龍華浦舟中董其昌

坎坷的命運

明代末年，《富春山居圖》傳到收藏家吳洪裕
的手中，他極為喜愛此畫，每天不思茶飯地觀賞
臨摹。臨死，他要求將此畫焚燒殉葬，他的一位
姪子將此畫從火中搶救出來，但畫已被燒成一大
一小兩段，至今，我們仍無法確知原卷的長度。
經修補後的前段較小，稱《剩山圖》，收藏在浙
江省博物館，成為鎮館之寶。後段畫幅較長，稱
《無用師卷》，藏於台北“故宮博物院”。這幅中
國古代水墨山水畫的巔峰之作，就這樣分藏於海
峽兩岸。

傳家的寶貝，
燒不得喲。

　　2010 年 3 月，溫家寶總理在"兩會"期間回答中外記者的提問時，深情地談起了《富春山居圖》："我希望兩幅畫什麼時候能合成一整幅畫。畫是如此，人何以堪。"由此，《富春山居圖》合璧展出引起了兩岸民眾的強烈關注，並最終在各界努力促成下得以實現。浙江省博物館和台北"故宮博物院"於 2011 年在台北"故宮博物院"聯合主辦了"山水合璧 —— 黃公望與《富春山居

圖》特展”。兩幅畫終於穿越歷史，實現合璧。

　　鴉片戰爭前的明清時期是中國封建社會的
後期，文化雖然趨於保守，但在繪畫領域卻出現
了許多富有特色的流派與個性強烈的畫家。明代
中期以前宮廷繪畫重新昌盛，出現了邊景昭、謝
環、林良、呂紀等大家。其畫風所及，又形成了
地區的流派特色，產生了以戴進、吳偉為首的
“浙派”。明中後期，宋元以來的文人水墨畫風得

以復興，發展為以沈周、文徵明、唐寅、仇英等為代表的"吳門畫派"以及以董其昌為代表的"松江派"。

到了清代，中國宮廷繪畫迎來了頂峰。來自意大利的傳奇畫家郎世寧是清代宮廷繪畫領袖，他以傳教士的身份遠涉重洋來到中國，被重視西洋技藝的康熙皇帝召入宮中，從此開始了長達五十多年的宮廷畫家生涯。在繪畫創作中，他將中西技法融於一體，達到了精細逼真的效果，也正是在他中西合璧繪畫技法的影響下，別具一格的清代宮廷畫風形成了。

中西合璧的經典之作——功臣畫像

我們下面欣賞到的這兩幅作品，就是受郎世寧繪畫技法的影響，原本懸掛在中南海紫光閣中的非常特別的寶貝。

它是這樣誕生的

大家可能會問，這兩幅人物畫像到底有什麼特別之處？可別小看這兩個人，他們可是大有來頭。這還要從乾隆皇帝親自命宮廷畫師為功臣繪製畫像說起。

1755 年，清政府平定準噶爾部、回部後，乾隆皇帝下令，為一百名功臣畫像。1776 年，清軍平定大小金川凱旋後，乾隆皇帝又下令為一百名戰將畫像，後來，又增加了五十幅《平定台灣功臣像》和三十幅《平定廓爾喀功臣像》，加在一起共有二百八十幅功臣像，下面這兩幅就在其中。

阿玉錫將軍是平定西域的功臣。1755 年乾隆皇帝派大軍進軍新疆，平息叛亂。阿玉錫縱馬挺槍，率領二十四名騎兵，如天降神兵，乘夜幕直搗敵營。他一馬當先，如入無人之境，殺得敵兵丟盔棄甲、四處潰散。清軍大獲全勝，阿玉錫立下赫赫戰功。而舒景安將軍則是平定大小金川的功臣。1771 年，清軍發動了第二次平定大小金川的戰役，舒景安率領部下參加了戰鬥，他指揮有方，屢立戰功，多次受到朝廷嘉獎。

功臣畫像繪製完成後，被懸掛在京師西苑

大刀向敵軍砍去……
殺！

中海紫光閣內，也就是今天的中南海紫光閣裏。1900 年八國聯軍侵略北京，保存在紫光閣內的功臣畫像大部分被戰火焚燬，還有一部分被侵略者掠奪走，流散到世界各地。而阿玉錫、舒景安的畫像則輾轉民間，為天津收藏家所得，後來入藏天津博物館，成為中國大陸僅存的兩幅清代功臣畫像。它們能夠留存下來，是多麼珍貴和難得！透過它們，我們既看到了古代宮廷畫的藝術風格，也感受到了古代軍隊文化的內涵。

細細地觀察《散秩大臣喀喇巴圖魯阿玉錫像》，阿玉錫將軍威風凜凜，目光炯炯有神，畫面好像照片一樣細膩逼真。只見他右臂高舉，右手微張，右腿彎曲；左手持長矛，矛尖向下；腰間懸掛綠色鯊魚皮腰刀，並挎黑皮弓囊，內裝樺皮弓一張；後挎箭囊，囊內有十幾支雕翎箭；頭戴紅纓暖帽，單眼花翎；上身外套鎖子甲，透過鎖子甲，隱約還可以看到裏面穿的淺綠色戰袍，戰袍上繡著深綠色的葫蘆蝙蝠紋；腰繫黃色皮護腿，足蹬青靴，好一位威風凜凜的大將軍！

此畫最值得稱道的，是對他面部肌肉的描繪及鎖子甲的透視，都表現出了強烈的立體感，顯然是受西洋油畫的影響。這幅畫是中西方繪畫技巧融合出的“混血兒”，它由供職宮廷的歐洲

散秩大臣喀喇
巴圖魯阿玉錫
於格登山賊擾險
守率廿四人間道
襲後諸賊大潰爰
以成功本厄魯特
降順効忠
乾隆庚辰春
御題

圖 2.2.6
《散秩大臣喀喇巴圖魯
阿玉錫像》
天津博物館館藏

057

傳教士畫家艾啟蒙繪畫頭像，而服飾則是由中國畫家金廷標完成的。整幅畫作引人注目的還有上方乾隆皇帝用漢文、滿文兩種文字書寫的御筆題讚，並蓋有"乾隆御覽之寶"朱文橢圓印。

名次也有講究

同樣是功臣，舒景安將軍的畫像卻是由大臣于敏中、梁國治題讚，這是為什麼呢？原來按照清代慣例，在繪製功臣像時，名列前五十位的功臣由乾隆皇帝親自題寫讚語，名列後五十位的功臣由大臣題寫讚語。阿玉錫在平定西域的一百位功臣裏位列第三十三位，而舒景安在平定大小金川的一百位功臣裏位列第五十二位。

這兩幅中西合璧的功臣畫像，不僅為我們再現了將領們的英姿，更是不可多得的紀實性繪畫作品，具有很高的歷史和藝術價值。

領隊大臣成都
副都統奉恩將
軍舒景安

日旁之足石包上
攻礱梁防賊甲索
左峯阿爾古山大
卡旣得畧寨殲醜
→所至奮力

勒恭贊
乾隆丙申春正月御筆圖沿泰

圖 2.2.7

《領隊大臣成都副都統奉
恩將軍舒景安像》

天津博物館館藏

舉 世 無 雙

什麼是界畫？

　　界畫是中國繪畫獨具特色的一個門類。因在作畫時使用界尺引綫，故名“界畫”。將一片長度約為一支筆的三分之二的竹片，一頭削成半圓磨光，另一頭按筆桿粗細刻一個凹槽。作畫時，把界尺放在所需部位，將竹片凹槽抵住筆管，手握畫筆與竹片，使竹片緊貼尺沿，按界尺方向運筆，能畫出均勻筆直的綫條。界畫適於畫建築物，其他景物用工筆技法配合，通稱為“工筆界畫”。

　　界畫起源較早，東晉顧愷之就已經提出“台榭一定器耳，難成而易好，不待遷想妙得也”。早期的界畫作品現已不多見，出土於唐懿德太子墓的《樓闕圖》為目前中國較早的一幅大型界畫。五代衛賢《高士圖》、宋代張擇端《清明上河圖》等繪畫作品中的建築皆是用界畫法畫成，畫中建築精密工細而不板滯，體現出畫家高超的畫功。

什麼是金碧山水？

　　“金碧山水”是中國山水畫的一種，以泥金、石青和石綠三種顏料作為主色，比“青綠山水”多了泥金一色。泥金一般用於勾染山廓、石紋、坡腳、沙嘴、彩霞以及宮室樓閣等建築物。金碧山水派代表人物有李思訓、李昭道父子。

　　經歷了初唐時的低潮期，山水畫在盛唐後有了飛躍，出現了李思訓、李昭道等山水名家。李思訓，人稱“大李將軍”，繼承並發展隋代名家展子虔的畫法，擅畫青綠山水。他用工致嚴整的筆法、濃烈沉穩的色彩，確立和完善了山水畫“青綠金碧”一派的風格面貌，代表作品為《江帆樓閣圖》。李昭道則秉承家學，人稱“小李將軍”，亦擅青綠山水，代表作品為《明皇幸蜀圖》。

圖 2.3.1
《江帆樓閣圖》
台北“故宮博物院”館藏

國 寶 檔 案

周昉《簪花仕女圖》

年代：唐代

器物規格：縱 46 厘米，橫 180 厘米

出土地點：傳世

所屬博物館：遼寧省博物館

　　身世揭秘：下面看到的這幅《簪花仕女圖》是繪在絹上的，用工筆重彩描繪了五名貴族婦女和一名侍女的形象。大家可以展開豐富的想像，

圖 2.4.1

《簪花仕女圖》（局部）

穿越到國力鼎盛的唐代。試想一下，在一個春夏之交，幾位貴族婦女在幽靜而空曠的庭院中，過著以白鶴、蝴蝶取樂的閒適生活。她們梳著高高的雲髻，頭戴花朵，體態豐滿，身穿華貴的服飾，神態安詳。兩隻活潑可愛的小狗和一隻丹頂鶴與她們為伴。畫中人物、動物都繪畫得栩栩如生，體現了作者精湛的技藝和對人物、動物的神態、體態的精準把握。

這幅畫的作者名叫周昉，唐代京兆（今陝西西安）人，擅長繪畫貴族人物肖像及佛道圖像，特別是以仕女畫最為著名。他的仕女畫用筆秀潤勻細，衣裳勁簡，色彩柔麗，人物體態豐滿，是唐代仕女畫的重要代表，在中國繪畫史上享有盛

圖 2.4.2

《簪花仕女圖》（局部）

譽。從《簪花仕女圖》中，我們能看出唐代對於
女性審美的標準。

此卷無作者款印，最早著錄這幅畫的是清代
安岐所著的《墨緣彙觀》，他認為是唐代周昉所
繪，後來的《石渠寶笈續編》及《石渠隨筆》中
都沿用了他的觀點。此畫原先收藏在清代的宮廷
中，末代皇帝溥儀遜位之後，以賞賜其弟溥傑的
名義將其攜出清宮，經天津運往長春的偽皇宮，
後來又輾轉入藏東北博物館，也就是今天的遼寧
省博物館。

圖 2.4.3
《簪花仕女圖》（局部）

李唐《採薇圖》

年代：宋代

器物規格：縱 27.2 厘米，橫 90.5 厘米

出土地點：傳世

所屬博物館：故宮博物院

身世揭秘：珍藏在故宮博物院的這幅《採薇圖》，為我們描繪了一個流傳久遠的故事：商代末年，孤竹國的國君決定立幼子叔齊為繼承人。國君去世後，叔齊堅持要把王位讓給長兄伯夷，伯夷堅持不受。為了讓弟弟叔齊繼位，伯夷悄然

還是你登上王位吧！

不不，你更適合！

逃走。得知此訊後，叔齊也義無反顧地放棄了王位，隨兄長而去。多年後，二人投奔西伯侯姬昌。恰值姬昌去世，他的兒子姬發正在準備討伐商紂。伯夷、叔齊二人立刻趕到姬發馬前制止，但意氣風發的姬發沒有聽從他們的勸告，奪取了政權後，建立周王朝。伯夷、叔齊深以為恥，決心不再吃從周王朝土地上收穫的糧食，於是隱居深山，靠採掘野菜度日，最後餓死。伯夷、叔齊兄弟的高尚氣節，被後來的人視為"寧折不彎"的典範。

《採薇圖》的作者李唐，是河陽三城（今河南孟州市）人。他勤奮好學，起初以賣畫為生，後

圖 2.4.4
《採薇圖》（局部）

來考入了北宋的畫院。"靖康之變"時被金兵擄往北國，後來冒死南逃，顛沛流離到了臨安（今浙江杭州），以賣畫度日，至八十高齡才進入南宋的畫院。李唐師承古人而超越古人，師法自然而高於自然，創造了"大斧劈"皴法，與劉松年、馬遠、夏圭合稱"南宋四家"，對後世影響很大。

《採薇圖》中描繪了伯夷、叔齊對坐在懸崖峭壁間的一塊坡地上，伯夷雙手抱膝，目光炯然，顯得堅定沉著；叔齊則上身前傾，表示願意相隨。伯夷、叔齊均面容清癯，身體瘦弱。雖然作者著墨不多，卻把伯夷、叔齊的神態描繪得淋漓盡致，達到了很高的水平。李唐用這個歷史故事來表彰保持氣節的人，譴責投降變節的行為，在當時南宋與金國對峙的歷史環境下，可謂借古諷今，用心良苦。

林良《秋樹聚禽圖》

年代：明代

器物規格：縱 153 厘米，橫 77 厘米

出土地點：傳世

所屬博物館：廣州藝術博物院

身世揭秘：花鳥是中國人自古以來喜愛的繪畫題材，在傳世的古代花鳥畫中，以明代宮廷畫師的作品藝術水平為最高，而林良就是其中的代表。這幅《秋樹聚禽圖》為我們生動地描繪了深秋時節樹上群鳥棲息的情景：一群白頸鴉和小雀穿插在枝葉的掩映中，有的三兩相伴，有的獨立一角，形神兼備。白頸鴉豐滿而又慵懶，如同雍容的貴族；小雀則牽拉著小腦袋，好像玩累了的孩童。鳥雀矇矓入睡的神態活靈活現。

林良，南海（今屬廣東）人，明代著名的宮廷職業畫家。他最擅長畫禽鳥，從江湖山野的蒼鷹、小雀、蘆雁，到宮廷後苑的仙鶴、孔雀等等，都一一入畫。他對禽鳥做了細緻入微的觀察，將禽鳥的飛鳴食宿之態、跳攀爭鬥之勢表現得十分生動、傳神。《秋樹聚禽圖》長期保存在

宮廷之中，完好如新。國寶鑒定專家們認為，《秋樹聚禽圖》具有真、精、新三美，是林良存世畫作中最好的作品。畫家把一幅生機勃勃的大自然景象，用精湛的筆法畫了出來，為我們呈現了一幅群鳥和諧共處的畫面。

圖 2.4.5
《秋樹聚禽圖》

身世揭秘：這幅金碧輝煌的山水人物長卷，生動地描繪了乾隆皇帝下江南時，蘇州的官員百姓迎駕的場景。整幅畫卷約有十七米長，原來收藏在清代皇宮之中，後流落民間。民國初年，溥儀在津居住期間，為了維持小朝廷的日常開銷，

圖 2.4.6
《萬笏朝天圖》（局部）

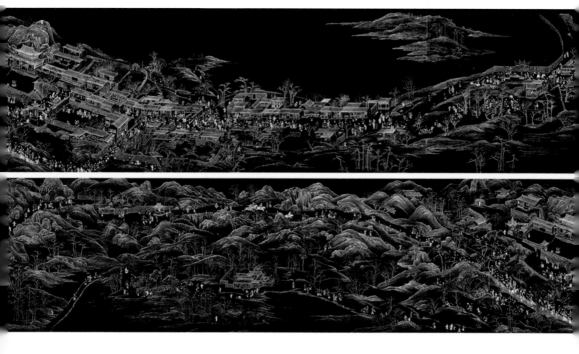

他便將從皇宮中攜出的書畫出售，其中就包括這幅珍貴的《萬笏朝天圖》。從此，它在民間輾轉流傳，一直到1958年，愛國收藏家陳大有的夫人徐國端女士主動將這件國寶獻給國家，使這幅宮廷珍寶有了一個很好的歸宿。《萬笏朝天圖》是金碧山水畫，富麗堂皇，氣勢恢弘。在十七米的長卷上，畫家精心繪製了兩千多個人物形象，最大的人物也只有二點五厘米高，但每個人都各具姿態，栩栩如生。畫面中，彩燈高掛，旌旗招展，地方文武百官身穿官服列隊迎接，展現了皇帝出巡氣派之大。仔細觀察，高義園正殿前的旗杆上有一面杏黃旗，上面寫著"萬笏朝天"四個字。

說到高義園，就不得不提到"先天下之憂而憂，後天下之樂而樂"的北宋著名文學家范仲淹。北宋時期，范仲淹把他的先祖安葬在蘇州的天平山，後來朝廷把天平山賜給了范家，范氏後裔修建了紀念范仲淹的祠堂——高義園。時至清代，乾隆皇帝第一次下江南時，慕名來到高義園遊覽，並題寫了匾額，范家把皇帝御筆親題的匾額懸掛在正殿之上。乾隆第三次下江南時再次來到高義園，看到自己題寫的匾額很高興，隨即賦詩一首。後來范家請當地知名畫家繪製了《萬笏

朝天圖》，獻給皇帝。乾隆非常喜愛這幅畫，將
它藏於宮中，這幅畫也成為表現乾隆南巡題材的
國寶。

圖 2.4.7
高義園

第 3 章

從兵馬俑到雲岡石窟

國寶傳奇

圖 3.1.1
秦始皇

公元前 221 年，中國歷史上第一個大一統的封建王朝 —— 秦朝誕生了。一舉統一六國的始皇帝嬴政在當時真是不可一世，從十三歲繼承秦國王位到作為中國歷史上第一位皇帝去世，他一直在營建陵園。秦始皇陵的修建最多時用了刑徒七十二萬人，歷時三十九年仍未最後完工，這不得不說是人類歷史上空前浩大的工程，是一個在兩千年之後足以讓世界震驚的奇跡。

1974 年初春，嚴重的旱情威脅著中國西部的八百里秦川，坐落在驪山腳下的西楊村也不能倖免。為了緩解旱情，村民們決定挖井。當挖到一米多深時，他們出乎意料地發現了一層紅土。這

哎呀！
瓦爺顯靈了！

圖 3.1.2
秦始皇陵遠景

層紅土異常堅硬，再挖下去，一個形象極為恐怖的陶質人頭出現了！只見這個人頭頂上長角，二目圓睜，緊閉的嘴唇上方鋪排著兩撮翹捲的八字鬚。村民發出驚呼："瓦爺！"隨著钁頭的劈鑿、鐵鍬的揮舞，一個個陶質俑頭、一截截殘腿斷臂、一堆堆俑片，被裝進吊筐拉上地面，拋入荒灘野地。秦始皇陵兵馬俑軍陣漸漸顯現！

這個發現在全國引起了轟動，各路考古專家紛至沓來，對這個埋藏了兩千年的偉大遺跡進行研究。1976 年，考古工作者又相繼發現了另外兩個俑坑，根據發現的順序，依次編為一、二、三號兵馬俑坑。一號兵馬俑坑為長方形，是一個由步兵和車兵組成的軍陣，面積一萬四千二百六十平方米，按目前已出土的陶俑、陶馬的排列密度推算，可出土兵馬俑六千件左右；二號兵馬俑坑為曲尺形，面積約六千平方米，測算可出土陶質兵馬俑九百餘件、木質戰車八十餘輛，這是一

瓦爺

當年村民們挖出陶質的兵馬俑，以為是地神，便稱它們為瓦爺。

個由戰車、步兵、騎兵、弩兵等多兵種混合編組的大型軍陣；三號坑為凹字形，面積只有約五百二十四平方米，出土陶俑六十八件、陶馬四匹、戰車一輛，似是指揮機構。這些兵馬俑形體高大，同真人真馬大小相同，並且以寫實的手法，塑造出了不同的人物形象，生動展現了秦代軍隊的真實面貌。

隨著考古發掘的不斷深入，整個秦始皇陵漸漸被專家們發現。經過長期的考古勘探和發掘，

圖 3.1.3
兵馬俑一號坑軍陣

圖 3.1.4

鞍馬騎兵俑

圖 3.1.5

高級軍吏俑

圖 3.1.6

跪射武士俑

已知秦始皇陵區各類陪葬坑、陪葬墓和修陵人墓葬等多達六百餘處。

在兵馬俑坑中，最令專家們心潮澎湃的，是發現了彩陶俑！一起來認識它們吧。

高級軍吏俑是目前兵馬俑坑出土的級別最高的陶俑。它頭戴雙捲尾鶡冠，身穿雙層長襦，神情威武，頗有成竹在胸、指揮若定的大將風範，因此人們稱它為"將軍俑"。

跪射武士俑出土於兵馬俑二號坑東端的弩兵陣中心，它身穿戰袍，外披鎧甲，頭頂右側綰一髮髻，左腿曲蹲，右膝著地，雙手置於身體右側做握弓弩待發狀。跪射武士俑的塑造比起一般的陶俑要更加精細，對表情、神態和髮髻、甲片、履底等的刻畫生動傳神，並且文物出土時原本的彩繪保存狀況極好，真實再現了秦軍作戰的情景。

我是軍中神射手！

鎮 館 之 寶

中國古代的雕塑藝術可謂兼容並包，既有中原文化的深厚底蘊，又廣泛吸收各地區的文化精髓。

原始社會，洪荒年代，我們的祖先用塑像這種獨特的方式寄託著自己的信仰。從這些人和動物的塑像中，也許我們能猜到他們在想什麼……

雕塑的萌芽——人頭形器口彩陶瓶

它是這個樣子的

1973 年，甘肅省秦安縣大地灣出土了一件完好的人頭形器口彩陶瓶。人頭的形象塑造得細緻生動，頭的左右和後部都是披髮，前額上卻垂著一排整齊的短髮；雕空的眼睛，目光深邃；蒜頭形的鼻子有生氣地鼓起，呈現出堅毅的表情；微微張開的小嘴，好像正在說話，整個人像活靈活現。

這種五官比例恰當、正側體面分明、凹凸對比適度的人面形象，出現在那個神秘、朦朧的時代，說明我們的祖先已經意識到自己在這世界中

圖 3.2.1
人頭形器口彩陶瓶
甘肅省博物館館藏

的地位，產生出一種試圖控制自然力的信念。於是他們把自己的面相看作某種外部力量和自然精神的代表，並根據自己部族的習俗與傳統觀念來裝飾自己、美化自己，或抽象化，或公式化，甚至結合某種動物特徵。這種裝飾和美化也體現在了有形體的可以感覺到的藝術形式中。這件仰韶文化彩陶瓶，用生動的人頭塑像做器口，並配以器腹部三橫排具有鳥的形象特徵的紋飾，整個器物呈現出一種神秘色彩。

此外，我們在半山、馬廠等文化類型的陶器中，也能發現這種以陶塑人頭配上類似獸皮花紋為裝飾的實例。這也許是原始社會人們的一種文身習俗，也許是崇拜祖先或其他宗教信仰的特殊表現形式、無論如何，這種形式反映了先民審美意識和雕塑藝術創作的萌芽。

我要製作一個漂亮的女孩！

秦漢之際，厚葬之風盛行，俑的製作也因此不斷發展。秦漢時期是中國古代雕塑藝術大放光彩的階段。被譽為"二十世紀最壯觀的考古發現"的秦始皇陵兵馬俑向全世界展示了中國古代雕塑藝術的輝煌成就。漢代在繼承秦代寫實風格的基礎上，加入了中國雕塑藝術雄渾剛健的民族特色，藝術表現體系逐漸成熟。

漢宮中的歌舞——百戲俑

它是這個樣子的

現藏於陝西歷史博物館的西漢百戲俑，高將近二十厘米，出土於西安市西郊。此組陶俑為三個正在歌舞的百戲俑，中間的俑頭梳椎髻，張口吐舌，扮相滑稽，其上身裸露，兩臂前伸，下身著寬口長褲，身體略向右傾。左右兩邊的俑頭戴髮巾，穿寬袖長袍，一人頭扭向左側，雙臂伸張，左腿前跨，右腿後伸，整個上身向後傾仰，做舞蹈狀。一人左手叉腰，右手上舉，左腿直立，右腿抬起前邁，做舞蹈狀。陶俑塑造手法質樸生動，將手舞足蹈的"百戲"藝人表現得活靈活現。

這組陶俑不像漢代早期陶俑那樣寫實，卻將形似上升到了神似，注意人物神情的把握與刻

圖 3.2.2
百戲俑
陝西歷史博物館館藏

畫，追求神韻的塑造。就面部五官而言，脫離了漢初陶俑面部神情嚴肅的束縛，這幾位 "演員" 顯得生動活潑。或許是為了表現說唱、舞蹈的特點，俑的造型比較誇張，形態給人以強烈的動感。你有沒有感受到這些歌舞者的快樂，是否想要跟隨他們一起手舞足蹈呢？

藝術的萌芽

"百戲" 是古代樂舞、雜技表演的總稱。秦漢時期稱百戲，隋唐時叫散樂，唐宋以後為了區別於其他歌舞、雜劇才改稱為雜技。在西漢之前，"百戲" 主要在宮廷表演，東漢才開始在民間廣為流傳。"百戲" 包括各種雜技、幻術、裝扮人物的

哈哈，
百戲最是解憂啊！

樂舞。秦始皇統一六國後，不僅把各諸侯國的鐘鼓搬到咸陽宮中，還把善於歌舞、雜技的藝人當作戰利品集中於咸陽，命他們表演。他們的表演流傳下來，成為"角抵戲"的前身。

1999 年 5 月，考古工作者在秦始皇陵的東南角發現了十餘件如真人般大小的"百戲"陶俑，證實了此時"百戲"已登上秦王宮的大雅之堂。兩漢時期"百戲"技藝得到進一步發展，倒立、柔術、跳丸劍、耍罈、扛鼎等雜技，七盤舞、鼓舞、劍舞、巾舞等俳優歌舞以及幻術、鬥獸、假面戲等都極為興盛。漢代是中國樂舞、雜技等"百戲"藝術空前發展的時期，還出現了專職的歌舞藝人。同時，古代音樂官署 —— 樂府也十分重

圖 3.2.3
角抵戲

視民間採風活動，除了搜集到大量的“趙、代、秦、楚之謳”外，還搜集了黃河與長江流域各地的民歌，並進行加工和演出，這大大促進了“百戲”的繁榮和發展。

西漢經過“文景之治”到漢武帝時，天下殷實，財力有餘，國勢空前強大，人民生活安定，這為廣泛開展“百戲”活動提供了極為有利的條件。當時民間的歌舞活動已很普及，在陶俑、壁畫、石刻、磚刻等文物中常可看到“百戲”形象。由於當時社會對“百戲”的喜愛越發高漲，不僅隨葬用品裏要安放樂舞、雜技俑，甚至在專門製造和買賣玩具的作坊裏也出售這類陶俑供人賞玩。

魏晉南北朝時期，隨著佛教的傳入，在山崖陡壁上開鑿洞窟，並在窟內營造大量佛像的活動開始盛行。敦煌、麥積山、雲岡和龍門等石窟，就是從這個時期開始陸續興建的。中國雕塑藝術空前繁榮，體現在佛像上的藝術風格越發豐富多彩。

古代雕塑藝術寶庫——雲岡石窟

它是這個樣子的

雲岡石窟位於山西省大同市以西十六千米處的武周山南麓，依山而鑿，東西綿延約一千米，現存洞窟五十三個，造像五萬一千餘尊，展現出五至六世紀時中國傑出的佛教石窟藝術水平和成就。雲岡石窟始建於北魏，是為了供奉佛像而開鑿的，前後一共用了近七十年。其中最早的是由曇曜開鑿的五個窟，後來逐步開鑿了兩百多個窟，包括官方和民間的。曇曜五窟佈局設計嚴謹統一，是中國佛教藝術第一個巔峰時期的經典傑作。

雲岡石窟的造像氣勢宏偉，內容豐富多彩，堪稱五世紀中國石刻藝術之冠，被譽為中國古代雕刻藝術的寶庫。雲岡石窟按照開鑿的時間可分為早、中、晚三期，不同時期的石窟造像風格也各有特色。早期的曇曜五窟氣勢磅礴，富有西域情調。中期石窟則以精雕細琢、裝飾華麗著稱，顯示出複雜多變、富麗堂皇的北魏時期藝術風格。規模較小的晚期窟室中的人物形象清癯俊

陛下，貧僧建議開鑿石窟弘揚佛法。

圖 3.2.4
曇曜五窟

美、比例適中，堪稱中國北方石窟藝術的榜樣。此外，石窟中還保留了反映北魏時期娛樂生活的樂舞和雜技雕刻。

它是這樣誕生的

　　曇曜是北魏文成帝任命的沙門統。當時佛教盛行，文成帝對佛教更是倍加推崇。曇曜便乘機向他建議在都城郊外武周山開鑿五個大窟，每窟雕刻一尊大佛，象徵北魏自道武帝到文成帝這五位皇帝，這項建議很快得到批准。就這樣，鑿窟造像轟轟烈烈地進行了三十多年。494年，孝文帝遷都洛陽，雲岡石窟的錘釬之聲仍不絕於耳，直到孝明帝正光年間才基本停歇下來。現雲岡第十六至第二十窟，就是當時開鑿最早的曇曜五窟。其他主要洞窟也大多完成於遷都洛陽前。

　　曇曜五窟是雲岡石窟最引人注目的部分之一，分別以道武帝、明元帝、太武帝、南安王、文成帝為原型，雕刻五尊主佛像。這五窟形制上的共同特點是外壁滿雕千佛，大體上都模擬橢圓形的草廬形式，無後室。造像主要是三世佛（過去佛、現在佛、未來佛），主佛形體高大，佔窟內主要位置。雲岡石窟的雕刻作品有其獨特的風格，尤其窟龕內的裝飾雕刻更為豐富。在技法

沙門統

北魏所設以統監全國僧尼事務之僧官。又稱僧統。

圖 3.2.5

曇曜五窟佛像

上，一般多採用裝飾性極強的浮雕，綫條簡潔明快，結構勻稱，內容豐富，琳琅滿目。

　　唐代佛教雕塑藝術進入了輝煌的成熟期，風格的多樣、形象的逼真和技巧的純熟，達到了歷史的最高水平。與此同時，唐代的帝王陵墓前的石獅、石馬等大型石雕以及唐代墓葬出土的為數眾多、形象優美的陶俑和鮮艷奪目的“唐三彩”，從各個不同的角度充分顯示了這一時期雕塑藝術精緻完美、氣魄宏大的時代特徵，從而把中國古代雕塑藝術推向了高峰。其中“昭陵六駿”浮雕是唐代石雕中的珍品。

奔馳中的戰馬——昭陵六駿

它是這樣誕生的

　　昭陵是唐太宗李世民和長孫皇后的合葬墓，是太宗在生前就選定了的一塊風水寶地。昭陵的建設從唐貞觀十年（636 年）長孫皇后首葬到貞觀二十三年（649 年）完成，持續了十三年之久，地上地下遺存了大量的文物。它是初唐走向盛唐的實物見證，是我們了解、研究唐代政治、經濟、文化難得的文物寶庫。這寶庫中有一組雕刻十分珍貴，那就是“昭陵六駿”。

昭陵六駿是為了紀念唐太宗的戰功，在他的陵前摹刻的他生前征戰騎用的六匹戰馬的浮雕。這六匹戰馬名叫"颯露紫""拳毛騧""什伐赤""白蹄烏""特勒驃""青騅"。相傳這六塊浮雕是當時傑出的工藝美術家閻立德主持修建的，並由他的弟弟、著名畫家閻立本親自繪稿，選派優秀刻工精心雕刻而成。這六件雕刻作品具有很高的藝術成就，採用了形神結合而以傳神為主的手法，塑造了六駿立、行、奔時生動、勻稱、健美的體態，並且突出刻畫了牠們在戰陣中身中箭鏃依舊馳騁奮戰的剛烈性格。

它背後的精彩故事

　　每塊浮雕背後，都有一段驚心動魄的歷史故事，來聽聽"特勒驃"的故事。這是一匹毛色黃裏透白的寶馬，故稱"驃"；"特勒"是突厥族的官職名稱，因此此馬可能是突厥族某特勒所贈。唐初天下還未安定，宋金剛屯兵澮州（在今山西境內），勢力很強，於是李世民在619年領兵平定。"特勒驃"在這一戰役中載著李世民勇猛作戰，一晝夜接連打了八個硬仗，立下了戰功。

　　在雕塑的刻畫上，"特勒驃"雙耳高聳，雙目炯然，顯示出機警的神情，而它安步徐行的姿態，又使人有一種輕快、穩定的感覺。大戰在即，寶馬鎮定果敢的狀態立現。這六塊浮雕顯示了中國古代雕刻藝術的成就，是極為珍貴的文物。遺憾的是，"颯露紫"和"拳毛騧"兩駿在1914年被盜賣到美國，現存於費城賓夕法尼亞大學博物館。其餘四塊浮雕真品在1918年被盜賣的過程中被砸成幾塊裝箱外運，幸而途經西安北郊時被發現制止，現存於西安碑林博物館。

宋代是塑像盛行的時代。由於泥塑比石刻容易把握，因此宋代雕塑藝術有了更進一步的提高，作風寫實、流暢、秀麗，長於刻畫人物性格，形象塑造逼真。像麥積山宋塑女供養人像、長清靈岩寺的羅漢塑像以及太原晉祠的侍女塑像，都是些塑造手法熟練、形象逼真、表情生動的精品。雖然這一時期的塑像仍具有一定的時代特徵，技巧上偏重修飾，但藝術的創造性有所削弱。自此以後，由於佛教造像之風遠遠不及過去，除了寺廟中還繼續雕塑少量的佛、菩薩像外，開鑿石窟已越來越少，並且不大被重視。再加上唐以後，雕塑工匠和畫家的社會地位日益懸殊，因此，中國古代雕塑藝術總的趨勢是逐漸衰退，大不如前了。總體來說，唐以後至清末，中國雕塑進入了相對的低潮期。

你們都是"馬中豪傑"！

a

b

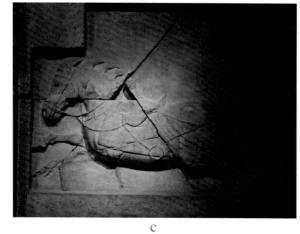

c

圖 3.2.6

昭陵六駿：

a. 颯露紫（複製品）

b. 拳毛騧（複製品）

c. 白蹄烏

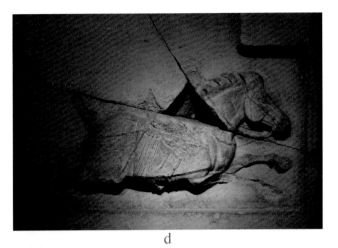

d

e

f

圖 3.2.7
昭陵六駿：
d. 什伐赤
e. 青騅
f. 特勒驃

舉 世 無 雙

兵馬俑的顏色是怎樣畫上的？

這些彩色的兵馬俑是工匠們根據不同部位採取不同的彩繪方法製成的。一般陶俑的臉、手、腳面部分先用一層赭石打底，繪一層白色，再繪一層粉紅色，儘量使色調與人體膚色接近。而袍、短褲、鞋等處的彩繪則是平塗一種顏色，只是在衣袖與袖口、甲片與連甲帶之間運用不同的色調做對比，顯示出甲衣的質感。鬍鬚和眼眉則是用一道道細細的黑色繪成。總之，彩俑繪畫工序複雜，手法多樣，著色講究，充分顯示了彩繪的層次和質感，使雕塑與彩繪達到相得益彰的藝術效果。陶俑、陶馬彩繪嚴格模擬實物，但在色調的掌握上以暖色為主，很少使用冷色。紅、藍、綠等色調的使用，巧妙地表現出了秦軍的威武。

秦俑彩繪顏色不下十幾種，主要有紅、綠、藍、黃、紫、褐、白、黑八種顏色。具有這些顏色的礦物質顏料是中國傳統繪畫的主要顏料。原來，二千多年前中國勞動人民已經能大量生產和廣泛使用這些顏料了。這不僅在彩繪藝術史上，而且在世界科技史上都有著重要意義。

彩陶兵馬俑為何不掉色？

兵馬俑雕塑採用繪塑結合的方式，雖然年代久遠，但在剛剛發掘出來的時候還依稀可見人物面部和衣服上繪飾的色彩。這是由於秦俑彩繪技術有許多獨到之處。陶俑沒有釉，具有較多的毛細孔，表面不太滑潤。而彩繪則要求毛細孔不宜太多，也不能太少；表面不宜太滑，也不能太澀。為了達到這一要求，一般在彩繪之前工匠們會對陶俑表面先進行處理。陶俑在燒造之前表面用極細的泥均勻塗抹，並加以壓光，這樣既減少了毛孔，又提高了光潔度；在陶俑燒造之後，還要進行化學、物理方法的處理。從陶俑陶片斷面觀察，也證明了陶俑燒造之前表面曾用細泥塗抹，有的部位不只塗抹一次。陶俑表面還塗有一層薄薄的類似於膠質的物質，使彩繪不易脫落。

雕塑的三種基本形式

雕塑的三種基本形式是圓雕、浮雕、透雕。圓雕是可以多方位、多角度欣賞的立體雕塑，是人們最常見的一種雕塑形式。浮雕是雕塑與繪畫結合的產物，只供一面或兩面觀看，主要有神龕式、高浮雕、淺浮雕、線刻、鏤空式等幾種形式。中國古代的石窟雕塑可歸入神龕雕塑。透雕，也叫鏤空雕，為去掉底板的浮雕，這種手法通常用於門窗、欄杆、家具上，有的可供兩面觀賞。

圖 3.3.1
彩色的兵馬俑

國寶檔案

擊鼓說唱陶俑

年代：東漢

器物規格：高 56 厘米

出土時間：1957 年

出土地點：四川省天回山東漢崖墓

所屬博物館：中國國家博物館

身世揭秘：該俑以泥質灰陶製成，俑身上原有彩繪，現已脫落。該俑是中國古代表演滑稽戲的俳優造型。這種表演的特點是詼諧、幽默，多為一人說唱，以小鼓擊節伴奏。這位說唱者蹲坐在地面上，右腿揚起，左臂下夾有一圓形扁鼓，右手執鼓槌做敲擊狀。他嘴巴張開，開懷大笑，彷彿正進行到說唱表演中的精彩之處。製作陶俑的工匠將人物面部的幽默表情刻畫得極為生動傳神，使觀者產生極大的共鳴，看著他的形象就忍俊不禁。

擊鼓說唱陶俑以寫實的手法刻畫出了一位正在進行說唱表演的藝人形象，反映出東漢時期塑

圖 3.4.1
擊鼓說唱陶俑

造藝術的高度成就，具有很高的藝術價值。同時它的發現證明早在東漢時期，說唱藝術已經日臻成熟並廣泛流傳於民間，因此它也是中國曲藝藝術發展史上的重要實物資料。

雲岡第三窟、第五窟、第六窟

年代：北魏
出土地點：山西省武周山南麓
所屬博物館：雲岡石窟

　　身世揭秘：雲岡第三窟是雲岡石窟中最大的一窟，前面斷壁高約二十五米，相傳為曇曜譯經樓。窟分前後室，前室上部中間鑿有一個彌勒窟室，左右鑿有一對三層方塔。後室南面西側雕刻有神態安詳、肌肉豐滿、花冠精細、衣紋流暢的三尊造像。從這三尊造像的風格和雕刻手法來看，可能是初唐（七世紀）時雕刻的。第五、六

圖 3.4.2
雲岡第三窟

圖 3.4.3
雲岡第五窟

窟在雲岡石窟群中部，為孝文帝遷都洛陽前開鑿
的一組雙窟。第五窟後室北壁本尊為釋迦牟尼坐
像，高十七米，為雲岡石窟最大的佛像，外部經
唐代泥塑重裝。第六窟規模宏偉，雕飾富麗，內
容豐富，技法純熟，是雲岡石窟中有代表性的一
窟，也是造像藝術的大匯集之所。

圖 3.4.4
雲岡第六窟

北魏晚期貼金彩繪佛立像

年代：北魏

器物規格：通高 168 厘米

出土時間：1996 年

出土地點：山東省青州市龍興寺

所屬博物館：青州博物館

　　身世揭秘：這是一件圓雕石灰石造像。造像上的佛螺髮高髻，臉形方圓，顴骨略高，嘴角含笑。佛的頸部細長，內穿僧祇支（一種服飾），外著褒衣博帶式袈裟，衣紋刻畫極具裝飾性。佛像頭後飾圓形頭光，最內匝是浮雕的圓形蓮花。這類帶有佛光的造像樣式，是北魏晚期到東魏的主要造像風格，顯示出北魏晚期漢化改制後流行的清秀瀟灑的審美特點，是中國佛教藝術的珍品。

圖 3.4.5
北魏晚期
貼金彩繪佛立像

北齊貼金彩繪石雕菩薩立像

年代：北齊

器物規格：通高 165 厘米

出土時間：1996 年

出土地點：山東省青州市龍興寺

所屬博物館：青州博物館

圖 3.4.6
北齊貼金彩繪
石雕菩薩立像

　　身世揭秘：這尊雕塑的質地是石灰石。菩薩頭戴透雕花蔓冠，眉目清秀，雙目低垂，表情莊重。上身著對襟衣，胸前配有項圈，瓔珞自雙肩垂下，在腹下交叉上捲，一條提於左手，一條轉至身後；下身著貼體長裙，裙側垂瓔珞，身前的裙帶上裝飾有九方淺浮雕圖案。菩薩赤腳立於蓮台之上，腳趾伸於蓮台外。這尊菩薩造像既帶有印度佛教的風格特徵，又具有明顯的中國化痕跡，是北朝佛像的典型代表。

瓔珞

原為古代印度佛像頸間的一種裝飾，由世間眾寶組成，傳入中國後，亦成為一種女性項飾。

彩繪雙環望仙髻女舞俑

年代：唐代

出土時間：1985 年

出土地點：陝西省長武縣棗元鄉郭村

所屬博物館：陝西歷史博物館

圖 3.4.7
彩繪雙環望仙髻
女舞俑

身世揭秘：女俑身材頎長，削肩蜂腰，頭上梳著唐代時流行的髮式 —— 雙環望仙髻，柳眉鳳目，高鼻朱唇，頸戴項鏈，身穿闊袖襦，外罩貢領翹肩半臂，下著曳地長裙，前腰佩繡花蔽膝，臂飾釧鐲，雙手抬舉至胸前，食指伸出，神態虔誠。

這是一個長袖善舞的女孩，雕塑家捕捉到了她飛舞遊移之中一瞬間的靜止，雕刻出了氣韻生動的意境，以形寫神，神形兼備。以豐富多彩而著稱於世的唐代樂舞藝術是唐文化的一個重要組成部分，該俑是研究唐代舞蹈藝術和服飾文化的重要資料。

看我身如柳絮隨風擺。

她還是一個愛美的女孩，以朱紅點唇，白粉塗面，妝容穩重大方、疏淡自然，她衣褶的綫條既有雕塑的立體感，又有繪畫的平面效果，流動的綫條貫通衣裙，使女舞俑呈現出飄逸的氣質，如音樂一般富有節奏感，極具東方女性輕柔、溫婉的神韻。

三彩天王俑

年代：唐代

器物規格：通高 118 厘米

所屬博物館：陝西歷史博物館

圖 3.4.8
三彩天王俑

身世揭秘：天王俑是唐代出現的殉葬俑，最早出現在武則天時代。天王俑與鎮墓獸對稱置於墓門內，與十二生肖俑一起被稱為“四神十二時”，用於鎮惡辟邪和保護墓室安全。所以，天王俑一般都身材魁梧、頭戴盔冠、身穿鎧甲，如武士一般。

這件三彩天王俑的形象就是按照傳說中的天神塑造的。威風凜凜的天王一手上揚，腳下踩著垂死掙扎的夜叉。藝術家在創造的時候發揮了豐富的想像力，運用誇張的手法，將強烈的戲劇衝

你個夜叉，看你還敢來犯！

突加入雕塑中，天王儼然是勝利者，氣宇軒昂，夜叉卻不甘失敗，極力掙扎，通過天王與夜叉高矮強弱的鮮明對比，表達出正義必將戰勝邪惡的主題。

彩繪貼金騎馬俑

年代：唐代
器物規格：高 33-35 厘米，長 29.5-32 厘米
出土時間：1971 年
出土地點：陝西省乾縣懿德太子墓
所屬博物館：中國國家博物館

身世揭秘：這是一組由四人四馬組成的陶俑。先來看看膘肥體健的馬。馬頭有一整片面簾，雙眼處開有洞孔，表面貼金，雙耳間豎有一朵纓飾。馬頸部、胸部和馬身的甲連綴在一起，在鞍後有扇面或樹枝狀的孔。唐時，這種外觀華麗的馬具完全是為了表現豪華和威儀，一般都用作貴族的儀仗，並不用於戰爭。

再來看看這些氣宇軒昂的騎士吧！馬上男騎俑頭戴盔，身穿帶有披膊和護胸的鎧甲，腳穿高筒皮靴，一手牽韁繩，一手握拳，似持物狀，氣

勢威武。唐代的騎馬陶俑，風格既不像早期陶俑那樣簡單，也沒有後期的繁複，在寫實中注重整體效果，展現了盛唐的歷史風貌。

圖 3.4.9
彩繪貼金騎馬俑（局部）

第 4 章

從河姆渡骨哨到玉壺冰琴

中國的音樂藝術源遠流長，孔子設六藝——"禮、樂、射、御、書、數"，其中的"樂"就是指音樂。遠古的樂曲雖然鮮有流傳至今，但是博物館館藏的古代樂器還是讓你彷彿能聽到那流傳千年的繞樑餘音。

國寶傳奇

　　在中國杭州灣南岸的寧（波）紹（興）平原，南抵象山港，包括舟山群島在內的浙東沿海地區，有一個叫作河姆渡遺址的地方，那裏是我們的祖先曾經生活過的地方。他們在那裏留下了燦爛的文化。

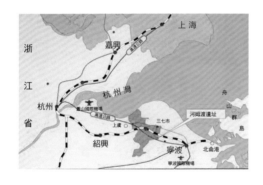

圖 4.1.1
河姆渡遺址交通圖

圖 4.1.2
河姆渡遺址仿古塑
像建築復原圖

在這片總面積約四萬平方米的遺址上，出土了骨器、陶器、玉器、木器等各類材質組成的生產工具、生活用品、裝飾工藝品以及人工栽培稻遺物、干欄式建築構件、動植物遺骸等文物近七千件。

在河姆渡遺址中，考古學家們發現了很多骨器，比如骨鏃、骨鑿、骨錐、骨針、骨哨、骨管狀針等。這些骨器的發現，反映了河姆渡時期我們祖先的農業生產已進入農耕階段，有了比較發達的水田農業，運用生產工具也相當熟練。這些骨器中，最有趣的是骨哨。骨哨是用一截禽類的骨管製成的，有的骨管內還插有一根可以移動的肢骨，用來調節聲調。

這些骨哨可以吹奏出簡單的樂曲。河姆渡骨哨算得上是世界上最古老的樂器，而且有的骨哨

小鹿快來！

圖 4.1.3
河姆渡遺址出土工具

圖 4.1.4
新石器時代河姆渡文化骨哨
浙江省博物館館藏

上還能看到打磨的痕跡。可見，從那個時候起，我們的祖先已經有了音樂細胞和審美意識！

獵人吹起骨哨，可以模擬動物叫聲，特別是鹿的鳴叫，以誘引異性鹿，從而伺機獵殺。骨哨吹奏出的樂曲也許還能讓勇敢的獵人俘獲姑娘的芳心呢！

浙江省博物館就珍藏著一件河姆渡遺址出土的骨哨，是截取禽類的肢骨中段製成的。哨身中空而略呈弧曲，在凸弧一面磨有三個橢圓形音孔。

別看外表不起眼，它可是價值連城。骨哨出現的年代久遠，是新石器時代的先民依據生活實踐製造出來的。它構思巧妙，製作技術精湛，反映了新石器時代先民的偉大智慧，體現了他們音樂意識的萌發以及審美思想的發端，具有極高的藝術價值與研究價值。

動物渾身都是寶，
肉可以吃，
皮可以穿，
骨頭還能做樂器。

河姆渡先民

113

鎮 館 之 寶

古老中國的音階——曾侯乙編鐘

它是這個樣子的

在湖北省博物館中，有一組氣派的編鐘——曾侯乙編鐘。曾侯乙編鐘長架長七百四十八厘米，短架長三百三十五厘米，重約五千千克，1977 年 9 月出土於湖北省隨縣（今隨州市）南郊擂鼓墩曾侯乙墓。"曾侯乙"是墓葬主人的名字，他姓姬名乙，是春秋戰國時代的一位諸侯。

他的墓中共出土隨葬品一點五萬餘件，其中有數量龐大的樂器。更不可思議的是，這位曾侯乙不僅收藏了這麼多樂器，好像他還對音樂頗有研究呢！你看，很多樂器上的銘文介紹的都是古

我們使用的音階，
不是從你們那裏傳來的！

代的音樂知識,你說稀奇不稀奇?在這些出土的
樂器中,最珍貴的是一套六十五件的編鐘,這是
中國迄今發現數量最多、保存最好、音律最全、
氣勢最宏偉的一套編鐘。

　　曾侯乙編鐘的出土引起了國內外的高度重
視,被認為是世界音樂史上的重大發現。鐘是一
種打擊樂器,按其形制和懸掛方式又有甬鐘、鈕
鐘、鎛鐘等不同稱呼。頻率不同的鐘依大小次序
成組懸掛在鐘架上,形成合律合奏的音階,就是
編鐘。鐘的大小和音的高低直接相關。商代的鐘
為三件一套或五件一套,西周中晚期有八件一套
的,東周時增至九件一套或十三件一套。

　　春秋戰國時代編鐘風靡一時,和其他樂器如

圖 4.2.1
曾侯乙編鐘
湖北省博物館館藏

琴、笙、鼓、編磬等一道，成為王室顯貴的陪葬重器。一般的物體只能發出一個樂音，而編鐘的神奇之處在於編鐘的每件鐘都能發出兩個樂音，並且互不相擾。

曾侯乙編鐘數量巨大，完整無缺，按大小和音高為序編成八組，懸掛在三層鐘架上。最上層三組十九件為鈕鐘，形體較小，有方形鈕，刻有篆體銘文，銘文呈圓柱形。中下兩層五組共四十五件為甬鐘，有長柄，鐘體以浮雕式的小蛇紋路裝飾，細密精緻。加上楚國國君楚惠王送的一件鎛鐘，整套編鐘共六十五件。

尤為可貴的是，鐘體上篆刻的兩千八百多字的錯金銘文，除了"曾侯乙作持"外，都是關於音樂方面的內容，記載了先秦時期的樂學理論，甚至還有音程和八度音組的概念，並且以中國人獨有的方式表達。這一重大發現，有力地駁斥了所謂"中國的七聲音階是從歐洲傳來、不能旋宮轉調"的說法。

不輕易演奏的樂器

這麼寶貴的樂器當然要好好珍藏，因此曾侯乙編鐘自出土後只演奏過三次。編鐘出土後，文化部組織一批音樂家趕到隨縣，對全套編鐘逐個測音。1978 年 8 月 1 日，沉寂了兩千四百多年的曾侯乙編鐘，重新向世人發出了它那浪漫的千古絕響。編鐘演奏以《東方紅》為開篇，接著是古曲《楚殤》、外國名曲《一路平安》、民族歌曲《草原上升起不落的太陽》，最後以《國際歌》落幕。第二次奏響是在 1984 年，為慶祝新中國成立三十五周年，湖北省博物館演奏人員在北京中南海懷仁堂為各國駐華使節演奏了《春江花月夜》《楚殤》以及《歡樂頌》等中外名曲。1997 年，著名音樂人譚盾為慶祝香港回歸創作大型交響樂《交響曲 1997：天・地・人》時，由國家特批再一次敲響了編鐘。

濫竽充數——馬王堆漢墓竽

神奇的墓葬

　　同學們，你們聽說過"濫竽充數"這個成語故事嗎？成語中的"竽"，也是古代的一種樂器呢！你知道它是什麼樣子的嗎？湖南省博物館就有一個"竽"，它出土於西漢馬王堆一號墓。馬王堆漢墓在湖南省長沙市區東郊四千米處的瀏陽河旁的馬王堆鄉，是西漢初期長沙國丞相、軟侯利蒼的家族墓地。

這可是一座文物的"寶庫"，共出土珍貴文物三千多件，絕大多數保存完好。出土的各種漆器，製作精緻，紋飾華麗，光澤如新；出土的絹、綺、羅、紗、錦等大量絲織品，保護完好，其中就有名揚天下的素紗禪衣；出土的帛畫，為中國現存最早的描寫當時現實生活的大型作品；另外，還出土有彩俑、樂器、兵器、印章、帛書等珍品。

馬王堆漢墓出土了一批樂器，其中的二十五弦瑟，是目前發現的唯一完整的西漢初期瑟，還出土了二十二管竽和一套竽律、七弦琴、六孔簫等，這些都是首次發現的西漢實物。十二支一套的竽律管，分別標明漢初的律名，為探討中國早期律制增添了物證。

這裏混不下去了，
換一份工作幹幹去。

它是這個樣子的

竽是一種竹質的吹奏簧管樂器。古人認為竽乃五聲之長，所謂"竽先，則鐘瑟皆隨；竽唱，則諸樂皆和"，可見竽在樂隊中發揮著領奏或指揮的作用。長沙馬王堆一號漢墓出土的"竽"為明器，形象逼真；三號漢墓出土的則是實用樂器，可惜已殘破。不過兩者形制大小完全相同，可以互相參照研究。

竽通長七十八厘米，由竽斗、竽管、竽簧組成。竽斗上鑿二十六個斗眼，分兩排，每排十一個斗眼，兩排之間內側還有四個斗眼。竽管有單管和摺疊管兩種，這樣既可以避免竽管過長，不便使用，又可延長管內有效氣柱的長度，吹奏出較低的音色，是一種非常精巧而實用的設計。竽

圖 4.2.2
竽
湖南省博物館館藏

管由直徑約八毫米的竹管製成，長短不一。最長的七十八厘米，最短的十四厘米，分別安插在二十二個斗眼上，並用篾箍加固。最長的管插在正中間，旁側各列管五根，長度遞減，兩排竽管之間約一指寬；竽管的側邊有氣孔，下端開有按孔。竽嘴為木質，接在斗前側正中，長二十八厘米。

三號墓出土的竽中還發現了十幾片竹簧，這些簧片用薄竹片削製而成，其樣式與現代的笙簧十分相似。尤其令人驚異的是，這些簧片上有的還有銀白色的小珠，能夠改變簧片的重量，從而調整簧片、控制高音。竽這種樂器在先秦兩漢時期曾盛極一時，但由於它體大笨重，吹奏時頗為費力，南北朝以後就逐漸消失了。

一片冰心在玉壺——玉壺冰琴

冰清玉潔的琴

中國最古老的彈撥樂器是琴。南宋流傳下來這樣一張琴 —— 玉壺冰琴。此琴現藏於天津博物館，為傳世品，長一百二十三點九厘米，肩寬二十二厘米，尾寬十五點一厘米。琴為神農式，用鹿角灰來保護木胎,外表塗一層紅漆,用蚌殼來標明徽位(徽是古琴上彈奏泛音時的位置標誌)。古代文人常喜歡在月下彈琴,晶瑩的蚌徽會借著月光發亮,不用點燈也能看到徽位,給撫琴營造幽雅的環境和良好的氛圍。

琴為無角圓頭,直項垂肩至三徽,腰為小型內收半月形,琴面弧度較平。龍池鳳沼均為長方形,龍池內有"金遠製"款,池上刻草書"玉壺冰"銘,其下刻篆文"紹興"(南宋高宗趙構年號)印。玉壺冰琴琴體薄且輕,是傳世南宋琴中的精品。"玉壺冰"這個名字大概出自唐代王昌齡的《芙蓉樓送辛漸》一詩中"一片冰心在玉壺"一句,意在表明製琴者清廉正直、玉潔冰清的節操,這正符合宋代社會所追求的文人思想。

圖 4.2.3
玉壺冰琴
天津博物館館藏

它是這個樣子的

古琴，亦稱瑤琴、七弦琴，在春秋時期就已盛行，有文字可考的歷史有四千餘年。湖北曾侯乙墓出土的實物距今有兩千四餘年，而唐宋以來歷代都有古琴精品傳世，這件"玉壺冰琴"即為其一。宋代是繼唐代之後的古琴發展時期，是唐以後製琴史上又一重要時代。宋代儒學復興，文人風氣盛行，因此作為"文人四友"之首的琴也備受推崇。據史料記載，兩宋時期的七弦琴已經出現於民間各種場合。宋代製琴有官、野之分，官家設局專司製琴，其所製琴皆有定式。這一時期也出現了一批製琴、撫琴的名家，這把琴所屬款識上的名字"金遠"，就是南宋時期的製琴名手。

古琴造型優美，主要依琴體的頸、腰形制的不同而有所區分，常見的為伏羲式、仲尼式、連珠式、落霞式、靈機式、蕉葉式、神農式等。除此之外還有列子式、伶官式、響泉式、鳳勢式、師曠式、亞額式、鶴鳴秋月式等。由於長期演奏的振動和木質、漆底的不同，琴漆會形成多種斷紋，如梅花斷、牛毛斷、蛇腹斷、冰裂斷、龜紋斷等。斷紋是古琴年代久遠的標誌。有斷紋的琴，琴音清澈、外表美觀，所以更為名貴。

演奏時古琴的擺放也是有講究的，應當琴額

朝右，龍齦朝左，七弦朝演奏者，徽位點和一弦在對面。演奏時，右手撥彈琴弦，左手按弦取音。古琴技法古時很多，現在常用指法只有十幾種。

先秦時期，古琴除用於宗廟祭祀、朝會、典禮等雅樂外，還一度興盛於民間，用來抒情詠懷，深得人們喜愛。史書、文學、藝術作品中多涉及古琴，由此可見古琴在中國古代民間曾經是相當普及的，至少在讀書人中家喻戶曉。2003 年 11 月 7 日，聯合國教科文組織在巴黎總部宣佈了世界第二批"人類口頭和非物質遺產代表作"，中國的古琴名列其中。2006 年 5 月 20 日，古琴藝術經國務院批准列入第一批國家級非物質文化遺產名錄，劃分在"民間音樂"類。

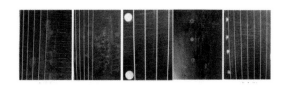

圖 4.2.4
琴漆斷紋

舉世無雙

古琴十大名曲

《廣陵散》又名《廣陵止息》，表現了一種慷慨激昂的英雄氣概；

《高山流水》傳說係伯牙所作，在戰國時已有關於“高山流水”的琴曲故事流傳；

《平沙落雁》又名《雁落平沙》，通過琴音模擬時隱時現的雁鳴，描寫雁群降落前在空際盤旋顧盼的情景；

《瀟湘水雲》奔放渾厚，借雲水掩映、煙波浩瀚的景象描寫，抒發對山河殘缺、時勢飄零的感慨和蕩氣迴腸的愛國熱情；

《漁樵問答》表現漁樵在青山綠水中自得其樂的情趣；

待我琴聲一起，
保你三月不知肉味。

《陽春白雪》中“陽春”取萬物知春、和風滌蕩之意，“白雪”取凜然清潔、雪竹琳琅之意；

《胡笳十八拍》反映“文姬歸漢”的主題；

《陽關三疊》是根據唐代詩人王維《送元二使安西》譜寫的一首琴曲，表達對即將遠行的友人關懷、留戀的誠摯情感；

《梅花三弄》通過歌頌梅花的潔白、芬芳和耐寒等特徵，來讚頌具有高尚節操的人；

《醉漁唱晚》描繪了漁翁豪放不羈的醉態，素材精煉，結構嚴謹。

古琴的結構

古琴一般長約三尺六寸五（約一百二十至一百二十五厘米），象徵一年三百六十五天（一說象徵周天三百六十五度）；一般寬約六寸（二十厘米左右），厚約二寸（六厘米左右）。琴體下部扁平，上部呈弧形凸起，分別象徵天與地，與古時的天圓地方之說相應和。整體形狀依鳳的身形而製成，其全身與鳳身相應，有頭、頸、肩、腰、尾、足。

古琴最初只有五根弦，內合五行，金、木、水、火、土；外合五音，宮、商、角、徵、羽。後來，相傳周文王囚於羑里，思念其子伯邑考，

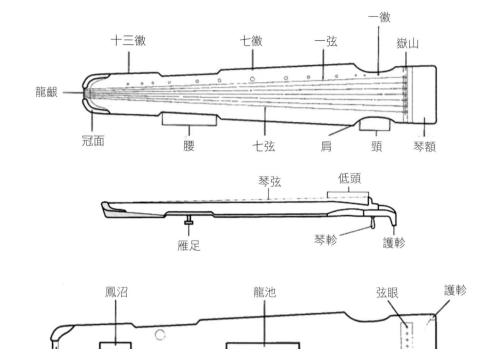

圖 4.3.1
古琴正面

十三徽　　　七徽　　一弦　　一徽　嶽山

龍齦

冠面　　　腰　　　七弦　　肩　頸　琴額

圖 4.3.2
古琴側面

琴弦　　　低頭

雁足　　　琴軫　護軫

圖 4.3.3
古琴背面

鳳沼　　　龍池　　　弦眼　護軫

齒托　　雁足　　　　　軫池

加弦一根，是為文弦；周武王伐紂，再加弦一
根，是為武弦，合稱文武七弦琴。

　　古琴的結構中蘊含著豐富的中國傳統文化，
看看上面的圖，你就能明白，它是多麼的複雜，
凝結了多少古人的智慧！

中國民族樂器的分類

　　根據製作材料的不同，周代將樂器分成金、
石、絲、竹、匏、土、革、木八類，叫作“八

音”。此後從周末至清初的兩千多年中，中國一直沿用“八音”分類法。

金類以鐘為主，盛行於青銅時代，在王公貴族的各種儀典、宴饗與日常玩樂中廣泛使用。此外還有錞于、句鑃等。石類包括各種磬，質料主要是石灰石，其次是青石和玉石。絲類為各種弦樂器，因古時候的弦都是用絲所製而得名，包括琴、瑟、筑、琵琶、胡琴、箜篌等。竹類為竹質吹奏樂器，包括笛、簫、篪、排簫、管子等。匏類為用匏做的樂器（匏是葫蘆類的植物果實），主要是笙。土類是指陶質樂器，包括塤、陶笛、陶鼓等。革類主要是各種鼓，以懸鼓和建鼓為主。木類現已很少見，有各種木鼓、敔、柷。

古樂器

錞于：古代一種銅質打擊樂器，用於軍隊中。

句鑃：古樂器，演奏時用木槌敲擊。

敔：古代打擊樂器，形制呈伏虎狀，虎背上有鋸齒形薄木板，用一端劈成數根莖的竹筒，逆刮其鋸齒發音，作為樂曲的終結，用於歷代宮廷雅樂。

柷：古代打擊樂器，形如方形木箱，上寬下窄，用椎（木棒）撞其內壁發聲，表示樂曲即將起始，用於歷代宮廷雅樂。

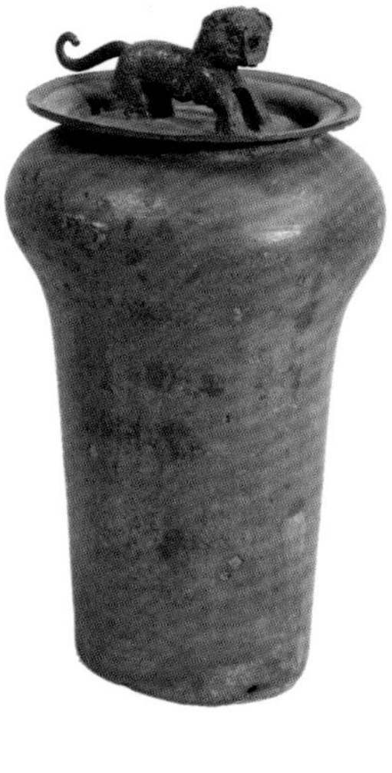
圖 4.3.4
錞于

國 寶 檔 案

賈湖骨笛

年代：新石器時代

器物規格：長 23.1 厘米

出土時間：1987 年

出土地點：河南省舞陽縣賈湖遺址

所屬博物館：河南博物院

身世揭秘：出土於河南舞陽賈湖裴李崗文化遺址的賈湖骨笛，被譽為"中華音樂文明之源"。它是用鶴類動物的腿骨鑽七個音孔製作而成。在第六孔與第七孔之間還有一個用來調節音差的小孔，說明骨笛的製作者已有了明確的音的

圖 4.4.1
賈湖骨笛

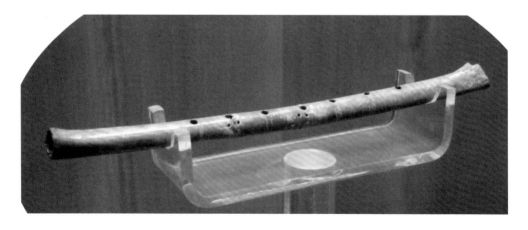

概念。經測試，用它能吹奏出七聲齊備的古老的下徵調音階。賈湖骨笛是中國目前出土的年代最早的樂器實物，更被專家認定為世界上最早的吹奏樂器，被稱為“中華第一笛”。這支骨笛證明早在七八千年之前，我們的祖先已經發明了七聲音階。奇妙的是，骨笛可以演奏河北民歌《小白菜》。賈湖骨笛的出土填補了先秦音樂史上的某些空白，整部中國古代音樂史也由於它的問世而逐漸完善起來。

虎紋石磬

年代：商代

器物規格：長 84 厘米，寬 42 厘米，厚 2.5 厘米

出土時間：1950 年

出土地點：河南省安陽市殷墟

所屬博物館：中國國家博物館

身世揭秘：該磬以青灰色石料精心磨雕而成，為片狀，兩端一大一小。器身通體光潤，正面以雙勾細綫刻一伏虎形紋飾，勻稱佈滿整個磬面。虎做匍匐欲起狀，虎首低垂，怒目圓睜直視前方，虎口向下似在咆哮，上下獠牙尖利，清晰

可辨。虎首上方有一供懸掛用的圓孔，磨損痕跡十分明顯。魚形虎尾上揚，前後肢之間飾有彎曲成圓形的蠶紋。石磬整體紋飾造型優美，栩栩如生，綫條生動流暢，極為形象傳神，虎形與器形融為一體，表現了商代先人組織綫條、以綫條表現圖畫的能力，反映了當時高超的石刻藝術水平。

石磬在新石器時代文化中即有發現，早期用於先民的樂舞活動，到了夏商時期，石磬逐漸成為帝王殿堂宴饗食、宗廟祭祀、朝聘禮儀活動的重要禮樂之器。磬分單懸的特磬與成組使用的編磬，虎紋石磬是一件特磬。據測定，此磬有五個音階，可演奏多種樂曲。其音渾厚洪亮，音色近似青銅，輕輕敲擊，即可發出悠揚清越的聲響。商代石磬在考古發掘中屢有發現，虎紋石磬是迄今為止發現的商磬中形體最大、藝術表現力最強的一件，彰顯著古代藝術的神秘魅力，堪稱商代磬中之王。

圖 4.4.2
虎紋石磬

王孫誥編鐘

年代：春秋

器物規格：共 26 件，最大鐘通高 120.4 厘米

出土時間：1978 年

出土地點：河南省淅川下寺楚墓

所屬博物館：河南博物院

　　身世揭秘：王孫誥編鐘為雙音編鐘，一件
編鐘可以同時敲出一個非常和諧的三度音程，其
音域可跨越四個半八度，證明了明代提出的十二
平均律在春秋時期已十分廣泛地應用於實踐之中

圖 4.4.3
王孫誥編鐘

了。王孫誥編鐘雖深埋地下數千
年，但音色優美、音質純正，是
目前中國出土的春秋時期數量最
多、規模最大、音域最廣、保存
最完好的青銅禮器。富有穿透力
的音色，氣勢磅礴的輝煌鐘聲，
彷彿將我們帶入兩千五百年前楚
王神秘的廟堂之上。

　　編鐘是先秦時期的宮廷樂
器，也是古代帝王權力的象徵。
王孫誥編鐘集中體現了皇室威

嚴、古樸、輝煌、凝重之氣。"八音之中，金石為先"，商周貴族宮廷中的祭禮與宴樂都離不開鐘磬這類禮樂重器，並以其數量多少和形制的大小來顯示主人的身份地位。這種青銅打擊樂器，從夏代的銅鈴開始，到商代的銅鐃、西周的鐘、東周的各類編鐘，形制越來越複雜，編列也越來越大。

曾侯乙編磬

年代：戰國

器物規格：通高 109 厘米，寬 215 厘米

出土時間：1978 年

出土地點：湖北省隨縣（今隨州市）曾侯乙墓

所屬博物館：湖北省博物館

身世揭秘：磬是中國古代一種片狀打擊樂器，器身一側穿孔，有時用繩繫之。編磬由石磬編懸於架上，可擊奏旋律，常與青銅質的編鐘相配，合奏出"金石之聲"。曾侯乙編磬共四十一片，每磬發一音。同編磬一起出土的還有銘磬匣三具，彩繪磬槌二件。通常懸於架上的磬有三十二片，分上下兩層，各層為五聲音階，未懸於架上的九片磬作為備用。磬上刻有編號和樂律

圖 4.4.4
曾侯乙編磬

銘文，共七百零八字，其意與曾侯乙編鐘銘文相通。復原研究發現，曾侯乙編磬的音域跨三個八度，十二半音齊備，磬的音色清脆、穿透力強、悅耳動聽，雖不如鐘的音量大，卻也獨具特色。演奏時，需由一人雙手執磬槌，跽（挺直上身，雙膝著地長跪）地而擊。

瀟南道人製益藩王琴

年代：明代

器物規格：長 124.2 厘米，肩寬 19 厘米，
尾寬 13.2 厘米

出土地點：傳世

所屬博物館：天津博物館

身世揭秘：古琴是中國最古老的彈撥樂器之一，其製作工藝極為複雜，要經過近三百道工序、耗時兩至三年才能完成。該琴為仲尼式，桐木質，鹿角灰胎，髹黑漆，形制修長，平首，腰呈小型內收半月形，寬肩與內收狹尾，七弦，十三個蚌徽，琴背有七個象牙琴軫，兩個木質雁足（調節鬆緊、控制音高的附件），長方形龍池鳳沼（即出音孔）。龍池腹內刻楷書銘文，根據銘文可知該琴為明代第四代益王 —— 益宣王朱翊

鈒所製。朱翊鈒號潢南道人，為明太祖九世孫。
該琴保存完好，有完整的署款，音質極佳，至今
尚可彈奏，是珍貴的傳世名琴。

圖 4.4.5
潢南道人製益藩王琴

博物館參觀禮儀小貼士

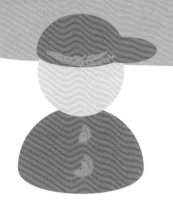

　　同學們，你們好，我是博樂樂，別看年紀和你們差不多，我可是個資深的博物館愛好者。博物館真是個神奇的地方，裏面的藏品歷經千百年時光流轉，用斑駁的印記講述過去的故事，多麼不可思議！我想帶領你們走進每一家博物館，去發現藏品中承載的珍貴記憶。

　　走進博物館時，隨身所帶的不僅僅要有發現奇妙的雙眼、感受魅力的內心，更要有一份對歷史、文化、藝術以及對他人的尊重，而這份尊重的體現便是遵守博物館參觀的禮儀。

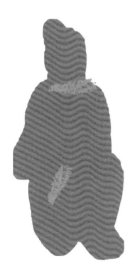

　　一、進入博物館的展廳前，請先仔細閱讀參觀的規則、標誌和提醒，看看博物館告訴我們要注意什麼。

　　二、看到了心儀的藏品，難免會想要用手中的相機記錄下來，但是要注意將相機的閃光燈調整到關閉狀態，因為閃光燈會給這些珍貴且脆弱的文物帶來一定的損害。

三、遇到沒有玻璃罩子的文物，不要伸手去摸，與文物之間保持一定的距離，反而為我們從另外的角度去欣賞文物打開一扇窗。

四、在展廳裏請不要喝水或吃零食，這樣能體現我們對文物的尊重。

五、參觀博物館要遵守秩序，說話應輕聲細語，不可以追跑嬉鬧。對秩序的遵守不僅是為了保證我們自己參觀的效果，更是對他人的尊重。

六、就算是為了仔細看清藏品，也不要趴在展櫃上，把髒兮兮的小手印留在展櫃玻璃上。

七、博物館中熱情的講解員是陪伴我們參觀的好朋友，在講解員講解的時候盡量不要用你的問題打斷他。若真有疑問，可以在整個導覽結束後，單獨去請教講解員，相信這時得到的答案會更細緻、更準確。

八、如果是跟隨團隊參觀，個子小的同學站在前排，個子高的同學站在後排，這樣參觀的效果會更好。當某一位同學在回答老師或者講解員提問時，其他同學要做到認真傾聽。

記住了這些，讓我們一起開始博物館奇妙之旅吧！

博樂樂帶你遊
博物館

我博樂樂來啦，哈哈！將帶著大家遊覽幾個很有特色的博物館，讓我們開啟博物館之旅，去探尋博大精深的華夏文明，去聆聽那些隱藏在文物背後的故事……

小提示

天津博物館是一座歷史藝術類綜合性博物館，其前身可追溯到1918年成立的天津博物院，是國內較早建立的博物館之一。
天津博物館新館地上五層，地下一層，總建築面積六點四萬平方米，其中展廳面積達到了一點四萬平方米。

天津博物館

地址：天津市河西區平江道與越秀路交口
開館時間：周二至周日 9:00—16:30
　　　　　（16:00 停止領票）
　　　　　周一閉館
門票：預約或現場領取免費參觀票
電話及網址：022-83883000
　　　　　http://www.tjbwg.com

周末，天氣很好，我和爸爸媽媽體驗了城際高鐵，到北京的鄰居——天津去看一看，沒想到只用了半個小時就到啦，真的很方便！

今天的主要任務是參觀天津博物館，聽說它坐落在天津文化中心，周邊緊鄰天津自然博物館和天津美術館。今天的博物館之旅一定不虛此行！

來到博物館，才早上八點五十，門口已經排起了長長的隊伍。不一會兒就輪到了我們，爸爸媽媽出示了身份證，領到門票，順利地通過安檢，進入了博物館。新的博物館果然好氣派！中央大廳的設計融合了博物館穿越時空隧道、連接未來之窗的理念，新穎獨特。

在導覽牌的指示下，我們直奔二樓的"耀世奇珍——館藏文物精品陳列"。這個展廳被遊

小提示

參觀天津博物館的遊客可憑本人身份證領取免費參觀門票。如果是團隊參觀，可以通過網站、電話等方式提前預約，入場時需要出示介紹信。

客們稱為"珍寶館",裏面匯聚了各類珍品文物六十多件,天津博物館的"鎮館之寶"都在這個展廳,像《雪景寒林圖》、西周太保鼎,都非常精美!

那邊有一位志願者姐姐正在講解,嗓音清脆動聽,周圍跟著很多觀眾,我也趕緊過去聽聽吧。

在志願者姐姐的引領下,我們欣賞了很多宋代、元代的書畫精品,大氣磅礡的青銅器,琳琅滿目的瓷器……各類精美的文物讓我目不暇接,深深地感受到古代能工巧匠們的智慧。其中,讓我最感興趣的就是很多字畫上面蓋有的大大小小的印章,有很多還是皇帝蓋上去的呢!

記住,
天津博物館的
"鎮館之寶"
都在二樓!

小提示

天津博物館設有三個基本陳列:"天津人文的由來""中華百年看天津"和"耀世奇珍——館藏文物精品陳列",重點展示天津在中國近現代史上的歷史意義和重要地位,以及中華民族在數千年文明進程中積澱的豐厚物質遺存。

　　聽志願者姐姐介紹，很多字畫原來都是珍
藏在清代的皇宮中的，後來，末代皇帝溥儀以賞
賜其弟溥傑為名，將一些書畫真跡盜運出宮。
1925 年溥儀被逐出皇宮，這批書畫就跟隨著他
來到了天津。在天津居住期間，為了維持小朝廷
的開銷，溥儀陸續抵押、變賣了部分書畫珍品。
1931 年 “九一八” 事變後，溥儀逃往東北，將這
批宮中珍寶又運到了長春偽皇宮。目前，當年流
落四方的珍貴書畫大部分已經被遼寧省博物館徵
集入藏了。

　　走出 “耀世奇珍” 展廳，已經是中午了，我
們一家三口簡單地吃了飯，就立刻跑到五樓去看
專題展了。八個展覽都很精彩，我們一直到閉館
還沒有全部看完，只有下次再來天津了。

　　天津博物館，再見！

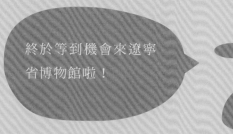

終於等到機會來遼寧省博物館啦！

遼寧省博物館

小提示

遼寧省博物館是一座現代化的大型綜合歷史與藝術類博物館，其前身為 1949 年創建的東北博物館，是新中國成立後建立的第一座博物館，1959 年改稱遼寧省博物館。

地址：遼寧省瀋陽市瀋河區市府大路三六三號

開館時間：周二至周日 9:00—17:00

（16:00 停止入場）

周一（國家法定節假日除外）閉館，除夕日閉館

門票：預約或現場領取免費參觀票

電話及網址：024-22741193

http://www.lnmuseum.com.cn

前不久，我在天津博物館裏看到了清宮散佚的書畫，對古代書畫產生了濃厚的興趣，一直惦記著要去遼寧省博物館看一看當年被溥儀運往東北的這批書畫珍品如今的狀況。終於等到了機會，我踏上了開往瀋陽的列車。

暑期來瀋陽真好，陽光雖然明媚，風卻是涼爽的。從賓館乘車來到市府廣場，遠遠地就看到了一片白色建築，左邊為遼寧大劇院，右邊就是遼寧省博物館。

小提示

博物館整體建築外觀造型取自代表著五千年中華文明曙光的新石器時代紅山文化代表性文物——玉豬龍，極富地方文化特色。

小提示

館藏珍貴文物總量近十二萬件（套），分書畫、陶瓷、銅器、絲繡、雕刻、貨幣、碑誌、漆器等多個門類，尤以晉唐宋元書畫、宋元明緙絲刺繡、紅山文化玉器、清末李佐賢《古泉匯》著錄的歷代貨幣等最具特色。

漫步在展廳中，還可以看到女神廟建築構件、古樸的陶器和精美的玉器等等，看那邊的一塊白玉豬龍和兩塊淡綠色的玉豬龍，細膩而有光澤。

小提示

遼寧省博物館設免費定時講解服務，服務時間為：9:00/10:00/11:00/13:00/14:00/15:00。

進入博物館，剛好趕上下午一點鐘的免費講解，不過這裏可不是志願者講解，而是由博物館的專業講解員為觀眾詳細地介紹展品。

一路跟著講解員姐姐參觀"遼博"豐富的藏品，我如願以償地看到了那些當年被宮廷收藏的書畫珍品。聽講解員姐姐說，遼寧省博物館的收藏以書畫見長。在眾多書畫精品中，清宮散佚又是一大特色。除此之外，令我印象深刻的還有位於三樓的"遼河文明展"。展覽的第一部分是"文明曙光"，我們走進一間洞穴般的展室，展櫃裏陳列著原始人的骨頭和他們自己製作的用品。講

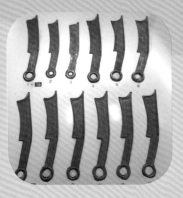

解員姐姐告訴我們："展櫃裏的這排小棍就是原始人磨的針，他們用針縫製衣服，就不怕冷了。別看它們小，卻很珍貴。"

　　展覽的最後一部分是介紹滿族的。滿族是女真族的後裔。通過展覽，我對清王朝以及滿族的歷史文化有了更多的了解，回想起之前在故宮博物院和中國國家博物館看到的很多清代皇家珍寶，感覺它們更親切了。

　　參觀的時間總是過得很快，不知不覺已經到了閉館的時間，我們意猶未盡。此次來"遼博"，真可謂不虛此行！

小提示

"遼河文明展"依次有五個展廳 —— 文明曙光、商周北土、華夏一統、契丹王朝和滿族崛起。

小提示

"遼河文明展"包括了從距今二十六萬年前的營口金牛山人到距今八千年前的阜新查海遺址的中華第一龍，再到紅山文化牛河梁遺址，以及商周時期的青銅文化，還有秦漢以後各個時期漢族與少數民族的文化遺存和珍品。

多可愛的小東西呀，
一定要親眼看看。

上海博物館

小提示

上海博物館創建於 1952
年，原址在南京西路
三百二十五號舊跑馬總
會，由此開始了它的發
展之路，1959 年十月遷
入河南南路十六號舊中
匯大樓。在此期間，上
海市政府做出了決策，
撥出市中心人民廣場這
一黃金地段，建造新的
上海博物館館舍。

地址：上海市人民大道二〇一號
開館時間：9:00—17:00（16:00 後停止入場）
　　　　　全年開放
門票：免費參觀，散客觀眾目前不接受預約
　　　（每天參觀名額只有八千個，要早點去）

上海博物館新館於 1996 年 10 月 12 日全面建成開放，建築總面積三點九萬平方米，建築高度二十九點五米，象徵“天圓地方”的圓頂方體基座構成了新館不同凡響的視覺效果。整個建築把傳統文化和時代精神巧妙地融為一體，在世界博物館之林中獨樹一幟。

　　前不久，我過生日的時候，收到了上海小夥伴寄來的一張賀卡。打開一看，哇，賀卡的背景是一隻呆萌的青銅小獸，上面赫然寫著“萬壽咒觥”，再仔細看看，原來是上海博物館珍藏的商代青銅器“父乙觥”，這樣的賀卡真的是既新穎又別致！於是，我決定去上海博物館一睹它的真容！

初次來到上海博物館，我一眼就看出來這座建築很像古代的青銅器 —— 鼎，氣勢磅礡。入口處的《參觀指南》上說，上海博物館是一座大型的中國古代藝術博物館，館藏珍貴文物十二萬件，其中尤以青銅器、陶瓷器、書法、繪畫為特色。

走進上海博物館，我直奔一樓的青銅館。琳琅滿目的青銅器一下子吸引了我，這些幾千年前的國之重器正靜靜地矗立在展櫃中，在燈光的襯托下，顯得格外莊重、威嚴。展廳裏有很多和我差不多大的學生也在參觀，只見他們有的認真記錄著展品的名稱、年代、特徵，有的則瞪大眼睛

小提示

中國古代青銅器收藏是上海博物館的特色之一，種類齊全，系統地反映了公元前十八世紀至公元前七世紀中國青銅藝術的歷史，那些屢見著錄、流傳有緒的國寶重器，譬如大克鼎、犧尊、子仲姜盤等，都珍藏在這裏。

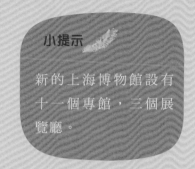

小提示

新的上海博物館設有
十一個專館,三個展
覽廳。

貼著玻璃仔細地觀察展品,感受著古人精湛的工
藝和智慧的結晶。

　　這個展廳的整體氣氛熱烈、莊嚴,以金、
紅、黑三色為基本色調,以佛教藝術中常用的蓮
瓣形做隔牆,以石窟寺中的佛龕做壁櫥,參觀的
過程彷彿是在石窟寺中遊走。

　　展廳陳列了從戰國一直到明代的雕塑作品,
體現出不同時代的創作特色。看到這些千姿百態
的雕塑作品,我不由得聯想到有著"世界第八大
奇跡"之稱的兵馬俑,從而對它們的故鄉 —— 西
安有了更多的嚮往……

　　在上海博物館眾多的展廳中,古代雕塑館給
我留下了深刻的印象。

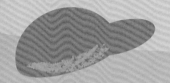

　　這個暑假，我走南闖北地逛了很多知名的博物館，眼見著暑假就要結束了，這次博物館之旅的最後一站就定在西安吧。

　　西安曾經是十三朝古都，大雁塔、兵馬俑、古城牆……這些悠久的歷史文化古跡讓我充滿了期待。當然，對於我這個博物館"超級粉絲"來說，最重要的任務一定是去參觀陝西歷史博物館！

陝西歷史博物館

地址：陝西省西安市小寨東路九十一號

開館時間：冬季（11 月 15 日至次年 3 月 15 日）

9:00—17:30（16:00 停止發票）

夏季（3 月 16 日至 11 月 14 日）

8:30—18:00（16:30 停止發票）

周一全天閉館（國家法定節假日

除外）

門票：散客現場領取免費參觀券

（每天只有四千張喲）

團體參觀須提前二十四小時電話或

網絡預約

電話及網址：029-85253806

http://www.sxhm.com/web/index.asp

小提示

陝西歷史博物館是中國第一座大型現代化國家級博物館，它的建成標誌著中國博物館事業邁入了新的發展里程。

151

　　陝西歷史博物館距離西安的標誌性建築——大雁塔不遠，是中國第一座大型現代化國家級博物館。走近博物館，只見青台、灰牆、褐瓦，彷彿一下子穿越到了唐代的宮殿，既古樸又典雅。裏面收藏的寶貝可真多，據說有三點七萬多件，上起遠古時代，下至 1840 年，時間跨度達一百多萬年，真不愧為"古都明珠，華夏寶庫"！

陝西是中華民族的搖籃和中華文明的發祥地之一，西安是十三朝古都，陝西歷史博物館真可謂得天獨厚，其館藏精華都在基本陳列"陝西古代文明"中。只這一個陳列，就分為三個展廳、七個單元！

哈，前面有一群人，在幹什麼？原來是有志願者在講解，我也要去聽一聽！這裏的志願者們基本上都是高校學生，大哥哥大姐姐們一場講解下來要兩個多小時。聽著他們聲情並茂的講解，我心裏充滿了敬佩。等我長大了，也要像他們一樣，做一名博物館的志願者！

小提示

陝西歷史博物館基本陳列"陝西古代文明"集中展示了陝西古代文明孕育、產生、發展的過程及其對中華文明的貢獻 —— 從人類的童年、輝煌的秦漢唐帝國風采到民族融合、宗教傳承。

爐紋飾精美、造型奇妙，整隻燻爐被分為三個裝飾區域，共有九條蛟龍裝點其間，竹節形的柄分為五節，節上還刻著竹葉。而"九五"在《周易》中的意思為"飛龍在天"，是皇權的象徵。隨著時間的流逝，王朝更迭，江山易主，只有銅燻爐如今依然被珍藏⋯⋯

小提示

唐代壁畫珍品館和"大唐遺寶專題展"是陝西歷史博物館的兩個特別展館。流連於這兩個展館,打馬球、狩獵、出行等大唐貴族的生活風貌真實地展現在我們眼前,讓我們彷彿穿越時光,回到了那個輝煌的年代。

　　俗話說:讀萬卷書,不如行萬里路。在博物館中徜徉,彷彿走進了歷史精髓沉澱的海洋,讓我們在讚嘆古人智慧的同時,也深切地感受到自己肩負著愛護文物、保護文物的責任。而那些在課本裏出現過的珍貴文物,正靜靜地佇立在博物館的展櫃中,隔著玻璃,向我們講述著一段段古老的歷史。

責任編輯　李　斌
封面設計　任媛媛
版式設計　吳冠曼　任媛媛

書　　名　博物館裏的中國
　　　　　大美中國藝術
主　　編　宋新潮　潘守永
編　　著　盧永琇
出　　版　三聯書店（香港）有限公司
　　　　　香港北角英皇道 499 號北角工業大廈 20 樓
　　　　　Joint Publishing (H.K.) Co., Ltd.
　　　　　20/F., North Point Industrial Building,
　　　　　499 King's Road, North Point, Hong Kong
香港發行　香港聯合書刊物流有限公司
　　　　　香港新界大埔汀麗路 36 號 3 字樓
印　　刷　中華商務彩色印刷有限公司
　　　　　香港新界大埔汀麗路 36 號 14 字樓
版　　次　2018 年 5 月香港第一版第一次印刷
規　　格　16 開（170 × 235 mm）172 面
國際書號　ISBN 978-962-04-4267-4

© 2018 Joint Publishing (H.K.) Co., Ltd.

Published in Hong Kong

本作品由新蕾出版社（天津）有限公司授權三聯書店（香港）有限公司
在香港、澳門、台灣地區獨家出版、發行繁體中文版。